DESCRIPTION

DES

MOLLUSQUES FOSSILES

DES TERRAINS CRÉTACÉS

DE LA RÉGION SUD DES HAUTS-PLATEAUX

DE LA TUNISIE

RECUEILLIS EN 1885 ET 1886

PAR M. PHILIPPE THOMAS,

MEMBRE DE LA MISSION DE L'EXPLORATION SCIENTIFIQUE DE LA TUNISIE,

PAR

ALPHONSE PERON

PREMIÈRE PARTIE.

PARIS.

IMPRIMERIE NATIONALE.

M DCCC LXXXIX – M DCCC XC.

EXPLORATION

SCIENTIFIQUE

DE LA TUNISIE,

PUBLIÉE

SOUS LES AUSPICES DU MINISTÈRE DE L'INSTRUCTION PUBLIQUE.

PALÉONTOLOGIE.

MOLLUSQUES FOSSILES DES TERRAINS CRÉTACÉS.

DESCRIPTION

DES

MOLLUSQUES FOSSILES

DES TERRAINS CRÉTACÉS

DE LA RÉGION SUD DES HAUTS-PLATEAUX

DE LA TUNISIE

RECUEILLIS EN 1885 ET 1886

PAR M. PHILIPPE THOMAS,

MEMBRE DE LA MISSION DE L'EXPLORATION SCIENTIFIQUE DE LA TUNISIE,

PAR

ALPHONSE PERON.

PARIS.

IMPRIMERIE NATIONALE.

M DCCC LXXXIX — M DCCC XC.

INTRODUCTION.

La faune fossile, très nombreuse, recueillie par M. Philippe Thomas dans le cours de ses explorations sur les hauts-plateaux de la Tunisie méridionale a la plus complète analogie avec la faune fossile de l'Algérie. Cette similitude était d'ailleurs facile à prévoir. Indépendamment de la proximité des deux contrées, on doit considérer que, en raison de la direction parallèle au rivage des grands axes de soulèvement et de fracture qui donnent au Nord africain son relief orographique, les bandes d'affleurement des diverses formations géologiques algériennes se poursuivent en Tunisie. Elles reproduisent identiquement, dans cette contrée, la même série de bassins distincts, la même succession de terrains échelonnés du nord au sud.

Les terrains crétacés particulièrement, qui doivent nous occuper ici, se montrent en Tunisie dans les mêmes conditions et sous les mêmes facies qu'en Algérie. Là encore ils forment, avec le terrain tertiaire, toute la charpente orographique des hauts-plateaux méridionaux, à l'exclusion, complète jusqu'ici, de toute formation plus ancienne.

Les terrains crétacés eux-mêmes ne sont guère représentés, dans ces régions, que par leurs termes les plus récents.

A part quelques lambeaux restreints, qui représentent l'étage urgo-aptien des auteurs, tous les autres terrains crétacés, dont l'existence nous est nettement révélée par les fossiles, appartiennent au groupe du terrain crétacé supérieur, comprenant depuis l'étage vraconnien jusqu'au danien.

Presque partout dans les hauts-plateaux tunisiens, comme dans ceux d'Algérie, la faune crétacée revêt dans son ensemble ce facies que nous avons appelé facies méditerranéen. C'est une faune sub-littorale, ayant habité manifestement des fonds vaseux, peu profonds et peu éloignés du rivage. Les Pélécypodes, et particulièrement les Ostracés, y foisonnent, tandis que les Céphalopodes, les Brachiopodes et les Zoophytes y sont rares. C'est exactement ce même facies, avec un grand nombre d'espèces communes, que nous retrouvons dans les terrains de même âge de toute la région circum-méditerranéenne, en Tripolitaine, en Égypte, en Syrie, dans l'Asie Mineure, en Sicile, en Italie, en Provence, et enfin en Espagne et en Portugal.

Sur d'autres points de la Tunisie, principalement dans les régions centrale et septentrionale, les terrains crétacés nous montrent un autre facies rappelant tout à fait les dépôts de haute mer. Ils se distinguent par la finesse des sédiments, par la nature pélagique des organismes qu'ils renferment et montrent une analogie remarquable avec les terrains crayeux du nord de l'Europe.

Malgré ces diverses analogies avec des faunes similaires déjà étudiées dans d'autres pays, l'étude des fossiles des terrains crétacés de la Régence n'est pas sans présenter d'assez grandes difficultés. Il est indispensable, en effet, de tenir compte de toutes les recherches faites dans les pays, même extra-européens, où des formations similaires ont été rencontrées. Ce n'est pas seulement dans tous les pays du bassin méditerranéen que l'on rencontre des analogies avec nos formations africaines, c'est en Asie, dans les Indes; c'est en Amérique, au Texas et dans d'autres régions, etc. Dans ces conditions et si l'on considère l'état souvent bien imparfait de certains types des espèces déjà décrites, on reconnaîtra que les déterminations sont parfois bien délicates et difficiles.

Les principaux travaux qui ont été publiés sur la paléontologie algérienne sont, en ce qui concerne les Mollusques, ceux de Coquand. Les ouvrages de ce maître, notamment ses deux mémoires sur la province de Constantine et sa monographie du genre *Ostrea*, doivent être constamment entre les mains de tout géologue qui étudie le nord de l'Afrique. De nombreux fossiles sont décrits et figurés, surtout dans la *Description géologique et paléontologique de la région sud*. Ce dernier ouvrage, toutefois, a ce défaut, commun à presque tous les travaux de ce genre, de ne représenter qu'un seul spécimen, souvent même très imparfait, de chaque espèce. Ce défaut prend une certaine gravité et présente des inconvénients sérieux quand il s'agit d'une faune principalement composée d'espèces très polymorphes, comme les *Ostrea*, les *Vulsella*, les *Plicatula*, etc., ou d'espèces représentées par des moulages internes incomplets, qui ne reproduisent pas l'ornementation des coquilles.

Aussi la détermination des espèces n'est-elle pas toujours facile sur le simple examen des figures données par Coquand. Un des plus graves parmi les inconvénients dont nous venons de parler, c'est que souvent, en raison sans doute de l'insuffisance des matériaux, les caractères génériques des fossiles ont été méconnus. C'est surtout pour les Gastéropodes qu'il en est ainsi. La plupart sont à déclasser. Les fossiles décrits comme Turritelles, par exemple, sont presque tous des Cérithes. Il semble que le dessinateur, s'inspirant sans doute de la description, ait restauré les ouvertures des coquilles et les ait appropriées au classement générique qui leur était imposé. Ces formes d'ouvertures sont fort inexactes, comme nous avons pu le constater trop souvent.

Quoi qu'il en soit, malgré ses défauts, pour la plupart inhérents à tous les travaux analogues, cet ouvrage de Coquand est, nous le répétons, de première utilité et précieux pour les géologues algériens.

Nous ne saurions maintenant faire un semblable éloge du dernier ouvrage que Coquand a publié sous le titre d'*Études supplémentaires sur la paléontologie algérienne* [1]. Cet ouvrage volumineux, qui n'est en réalité qu'un simple prodrome, n'est accompagné d'aucune planche. Les espèces y sont tellement multipliées et voisines, les diagnoses si écourtées et si sommaires, les indications de rapports et de différences si rares et si vagues que, le plus souvent, il est absolument impossible de reconnaître les fossiles. En laissant même de côté les moules intérieurs et autres fossiles sans ornementation caractéristique, qu'il est si difficile de faire reconnaître sans l'aide des figures, nous voyons que les fossiles les mieux conservés eux-mêmes sont, dans ce livre, d'une interprétation des plus incertaines. Prenons, par exemple, les Plicatules, qui sont toujours et partout représentées par des individus nombreux et en bon état. Coquand n'en a pas décrit moins de 13 espèces, et la plupart sont tellement voisines les unes des autres, que les descriptions se reproduisent presque textuellement semblables pour chacune d'elles. Un des caractères spécifiques le plus souvent invoqués, la forme plus ou moins concave ou convexe de la valve supérieure, est précisément un des caractères les moins stables de ces fossiles. Aussi beaucoup de ces espèces sont-elles condamnées à rester inconnues ou à disparaître des catalogues.

---

[1] Publié dans le *Bulletin de l'Académie d'Hippone*, Bône, 1880.

Ce livre de Coquand a été bien souvent pour nous une source d'embarras et de difficultés. Certes, dans bien des cas, nous aurions été en droit de passer outre et nous n'aurions fait en cela qu'obéir aux règles adoptées généralement dans la science. Mais nous avons tenu à respecter, dans une mesure aussi large que possible, les droits de priorité acquis par notre regretté confrère, notre devancier dans les riches gisements du Sud algérien. Aussi, chaque fois qu'il nous a été possible, même à l'aide de renseignements personnels, puisés en dehors de ses livres, de reconnaître les espèces qu'il a nommées, nous nous sommes empressé de les adopter.

Nous avons eu en effet, pour interpréter les fossiles africains, des facilités que ne peuvent avoir tous les paléontologues. La connaissance détaillée de la plupart des gisements visités ou indiqués par Coquand et la possession de séries de fossiles de ces gisements, l'examen que nous avons pu faire de collections algériennes dont beaucoup d'espèces avaient été déterminées par Coquand lui-même, les communications qui nous ont été faites par des géologues locaux lui ayant fourni des matériaux, enfin nos relations personnelles avec ce savant et les renseignements écrits ou verbaux qu'il nous a donnés directement sur quelques-uns de nos propres fossiles, ont été autant de moyens que nous avons pu mettre en œuvre pour arriver à une conception exacte de ses créations et de ses idées.

Grâce à ces conditions, nous avons pu restituer à l'explorateur algérien un certain nombre de types spécifiques qui, sans cela, seraient restés sans doute éternellement inconnus. C'est un hommage que nous sommes heureux de rendre à sa mémoire et un témoignage de gratitude pour le bon accueil qu'il a toujours fait à nos travaux et à nos communications, alors même qu'ils comportaient la critique de ses idées et donnaient des conclusions contraires aux siennes.

Comme contre-partie de ces restitutions, nous avons été obligé de faire disparaître de nos catalogues un grand nombre des espèces créées par Coquand. Ce savant, il faut bien le reconnaître, ne tenait pas un compte suffisant des variations individuelles. En outre, il n'admettait pas qu'une espèce pût franchir les limites d'un étage géologique. Comme les étages qu'il a introduits dans la craie d'Algérie étaient nombreux, mal délimités et parfois même complètement illusoires, il en est résulté qu'il a été entraîné à multiplier les espèces dans des proportions exagérées, pour faire cadrer les faunes avec ces étages. Beaucoup d'espèces en outre ont été créées sur des matériaux vraiment insuffisants et parfois informes. Nous pourrions citer notamment des Oursins qu'il avait bien voulu nous communiquer, que nous lui avions retournés comme complètement inutilisables et qu'il a néanmoins décrits ultérieurement comme types nouveaux.

C'est dans les Ammonites, dans les Plicatules et surtout dans les Huîtres, que nous avons dû faire les réductions les plus importantes. Beaucoup d'espèces, dans ces genres, avaient été établies sur des exemplaires uniques. Les matériaux considérables que nous avons pu étudier nous ont permis d'élargir le cadre de certaines coupes spécifiques, de reconnaître des transitions complètes entre des types différents, de découvrir des doubles emplois, etc. Nous avons donc pu supprimer ainsi bon nombre d'espèces et, dans les seules Huîtres en particulier, une vingtaine de dénominations ont disparu de nos catalogues. Ces suppressions, nous en avons la conviction et nous le démontrerons par la suite, ont été faites non seulement sans inconvénients, mais au grand bénéfice de la science et tout particulièrement à celui de la stratigraphie.

Nous devons d'ailleurs faire ici, de concert avec notre collaborateur M. Thomas, cette déclaration de principes, que nous ne sommes pas partisans de cette multiplication extrême des types spécifiques, à laquelle on paraît fort enclin de nos jours. Nous avons dû même nous imposer certaines règles et prendre en considération l'utilité stratigraphique, pour opérer ou maintenir certaines coupures dans des séries d'individus reliés fort étroitement.

Il est toujours facile de décrire une espèce nouvelle quand on n'en possède qu'un seul ou de rares spécimens. La difficulté, au contraire, augmente singulièrement quand on se trouve en présence d'une série abondante. Les variations alors se multiplient dans tous les sens, et les caractères des espèces deviennent d'autant plus difficiles à préciser que les individus en sont plus nombreux. C'est dans ce cas, où nous nous sommes trouvé fréquemment, que l'on est amené soit à réunir des espèces considérées jusque-là comme distinctes, soit au contraire à opérer des coupures plus ou moins arbitraires, quand on en reconnaît l'utilité.

Avec de tels principes, nous aurions voulu pouvoir limiter strictement nos créations d'espèces nouvelles à celles qui nous paraissaient complètement justifiées, et n'en décrire aucune que sur des matériaux assez complets pour les établir avec sécurité. Malheureusement il n'a pu en être ainsi. Nous avons dû considérer que nous faisions ici, non pas une œuvre de zoologie pure, mais une œuvre de paléontologie stratigraphique locale, dont le but est de fournir aux géologues de la région des facilités pour reconnaître les fossiles et déterminer les horizons géologiques. Certains fossiles, très imparfaits et dépourvus de tout intérêt au point de vue zoologique, peuvent avoir, pour diverses causes, une réelle importance stratigraphique. Dans les terrains du Nord africain, les moulages internes des coquilles, par exemple, sont souvent les seuls restes animaux que l'on rencontre. Bon nombre de couches ne renferment pas d'autres fossiles. Il faut donc bien que le géologue puisse les utiliser comme points de repère et c'est pour cela qu'il est utile de les faire connaître.

C'est en raison de ces considérations que nous nous sommes résigné à décrire des espèces sur de simples moules, parfois même incomplets et peu nombreux. Ces moules, quelquefois rares dans un gisement, sont au contraire abondants dans d'autres. Ils deviennent alors presque caractéristiques et sont toujours reconnaissables pour l'œil exercé du géologue local. A mesure que le nombre recueilli de ces fossiles augmente, on trouve des individus reproduisant plus nettement leurs divers caractères. C'est ainsi que nous avons pu compléter la description de certaines espèces de Coquand établies sur des moules, et c'est ainsi que d'autres paléontologues pourront, dans l'avenir, compléter ou rectifier les nôtres.

Dans bien des cas cependant, nous nous sommes trouvé en présence de matériaux trop insuffisants ou trop incertains pour donner lieu soit à une description, soit à une détermination.

Nous inspirant toujours des considérations que nous venons d'énoncer, nous avons jugé utile de signaler ces fossiles dans la mesure du possible, soit par une simple mention, sans affectation spécifique, soit en ayant recours aux expressions de réserve : *conferre* (cf.) ou *affinis* (aff.), devant le nom des espèces.

Nous avons employé le premier de ces termes dans les cas où la détermination indiquée nous a paru probable ou seulement possible, et le second principalement quand nous n'avons pu signaler qu'une ressemblance entre notre fossile et l'espèce à laquelle on le compare.

Cette méthode de citer même les fossiles d'une conservation médiocre permet, sans grand inconvénient, d'utiliser tous les matériaux recueillis, au moins pour donner une idée générale de l'ensemble et du facies d'une faune géologique locale. Il est, en effet, bien prouvé par l'étude minutieuse des couches successives d'une formation, que c'est beaucoup plus par les ensembles que par telles ou telles espèces réputées caractéristiques, que l'on arrive à bien déterminer et délimiter les horizons géologiques, à préciser le mode de formation des terrains et à définir l'étendue et la profondeur des bassins où ils se sont déposés.

En ce qui concerne l'ordre à suivre dans les descriptions et la classification des fossiles, nous avons dû abandonner sur quelques points la méthode de notre grand paléontologue d'Orbigny. Nous nous sommes en cela inspiré des travaux récents des spécialistes les plus compétents, notamment de MM. Milne Edwards, Fischer, de Fromentel et surtout de M. Zittel, dont l'excellent traité de paléontologie nous a presque toujours servi de guide.

Quant à l'exécution matérielle, à la disposition des diverses parties du texte descriptif, à l'emploi des divers caractères d'impression, etc., nous avons suivi de notre mieux les précieuses indications et l'exemple de M. E. Cosson, l'éminent Président de la Mission de l'exploration scientifique de la Tunisie.

Nous n'avons pu toutefois, comme le savant académicien, écrire notre mémoire en langue latine. Sans doute, pour un pays comme la Tunisie, où tant de nationalités se rencontrent, où les explorateurs étrangers viennent de plus en plus nombreux, il est fort utile de pouvoir employer un langage scientifique connu de toutes les nations; mais, il faut bien le reconnaître, la connaissance et l'usage de la langue latine tendent malheureusement à se restreindre de plus en plus, surtout dans le monde scientifique ou industriel auquel s'adressent nos travaux. Dans un avenir sans doute prochain, les langues mortes ne seront plus guère que la propriété des lettrés. Dès aujourd'hui, les savants sont bien rares qui peuvent rédiger en latin des travaux aussi considérables. A la vérité, un usage qui est assez généralement adopté dans les travaux d'histoire naturelle consiste à restreindre l'emploi du latin à l'énoncé seulement de la diagnose caractéristique. Cet usage nous semble sujet à critique. C'est, en effet,

surtout dans la diagnose que viennent s'accumuler les termes nouveaux, techniques, que la science moderne a introduits dans le langage
descriptif. Ces termes, pour la plupart, sont intraduisibles en latin; ils
sont bien connus des spécialistes de toutes les nations; il n'y a donc
pas intérêt à les latiniser.

Dans nos descriptions, en dehors de la diagnose proprement dite,
souvent fort insuffisante, nous avons toujours cherché à donner un
grand développement aux observations critiques et surtout aux rapports et aux différences, qui sont d'un si grand secours pour se faire
rapidement une idée nette de l'espèce décrite. Notre éminent prédé-
cesseur, Coquand, avait le tort de négliger presque toujours ces indications et c'est ce qui, souvent, rend si difficile la conception de ses espèces.

Outre les espèces nouvelles, malheureusement trop nombreuses,
que nous avons eu à étudier, nous avons dû énumérer et discuter un bon
nombre d'espèces déjà connues. Nous avons jugé que, pour ces espèces,
il n'était pas toujours nécessaire de reproduire *in extenso* les longues
synonymies qu'on trouve dans tous les ouvrages. Nous nous sommes
donc borné souvent à indiquer seulement la synonymie nouvelle ou
spéciale aux contrées qui font l'objet de nos travaux. C'est seulement
dans certains cas, pour rétablir des dénominations anciennes, mécon-
nues ou discutables, et quand nous l'avons jugé nécessaire pour l'édi-
fication du lecteur, que nous avons donné des synonymies complètes.

Dans l'élaboration des matériaux recueillis par M. Thomas, la partie
que nous nous sommes spécialement réservée est l'étude de la faune
crétacée, à l'exclusion des Échinides que notre ami et collaborateur
habituel, M. Gauthier, a bien voulu se charger d'étudier. Sur notre
demande, M. Locard, le savant naturaliste, a accepté de décrire les
fossiles éocènes. Enfin, nous avons eu recours à l'obligeance et à la
compétence bien connue de M. de Loriol pour l'étude de quelques
Crinoïdes nouveaux, de M. Schlumberger pour les Foraminifères, et
enfin de M. Sauvage pour quelques restes de Poissons.

De concert avec notre ami et collaborateur M. Thomas, nous leur
adressons ici nos sincères remerciements. Nous adressons aussi nos
remerciements à notre habile dessinateur, M. Firmin Gauthier, qui
a su tirer bon parti des matériaux souvent médiocres que nous lui
avons confiés.

A. PERON.

DESCRIPTION

DES

MOLLUSQUES FOSSILES

DES TERRAINS CRÉTACÉS

DE LA RÉGION SUD DES HAUTS-PLATEAUX

DE LA TUNISIE.

CEPHALOPODA.

BELEMNITIDÆ.

Genre **BELEMNITES** Agricola [1546].

Les Bélemnites sont, en général, d'une rareté extrême dans les terrains crétacés du Nord africain. C'est seulement dans les assises les plus inférieures de ce terrain, c'est-à-dire dans l'étage néocomien, qu'on en rencontre quelques espèces. Coquard en a signalé trois ou quatre au Djebel Thaya (province de Constantine) et nous-même avons rencontré les *Belemnites latus*, *B. bipartitus*, etc., dans les marnes néocomiennes du Djebel Bou-Thaleb.

Dans les terrains crétacés moyens et supérieurs on en connaît seulement des fragments peu déterminables. Cependant le *B. ultimus* a été signalé par Coquand dans le Cénomanien de Batna et de Tenoukla. Nous avons nous-même recueilli dans le Cénomanien de Bou-Saada des morceaux de rostre qui, en raison de l'existence d'un canal à la partie antérieure, semblent pouvoir représenter cette espèce.

C'est exactement ainsi qu'il en est des restes de Bélemnites rencontrés en Tunisie par M. Thomas. Deux fragments de rostre seulement représentent cette famille de Céphalopodes. Ces deux fragments, très courts, ne montrent que la pointe du rostre et ne sont point susceptibles d'une détermination. Cependant, sur l'un d'eux qui provient du Djebel Semama, on peut distinguer sur le flanc les traces d'une dépression qui devait se convertir en canal à la partie antérieure. La pointe est très acuminée. Il semble possible que ce morceau ait appartenu au *B. ultimus* d'Orbigny [1].

Tunisie : Djebel Semama; Dj. Meghila (sommet), zone moyenne. — Étage cénomanien.

---

[1] *Paléontologie française*, terr. crét., suppl., 24.

NAUTILIDÆ.

Genre **NAUTILUS** Breynius [1732].

Nautilus cf. **sublævigatus** d'Orbigny.

Deux exemplaires de Nautiles ont été recueillis dans l'étage cénomanien du Djebel Cehela, l'un dans la zone à *Ostrea Syphax*, l'autre, plus petit, dans la zone à Rudistes. Le premier est assez bon et pourvu de la dernière loge. L'espèce est épaisse, renflée, arrondie, à très petit ombilic et sans ornements visibles. Les cloisons sont peu sinueuses; elles forment sur le dos une inflexion peu profonde, large, dont la convexité est tournée vers la bouche. C'est certainement du *Nautilus sublævigatus* d'Orbigny que les individus qui nous occupent se rapprochent le plus, mais l'absence de tout caractère saillant ne nous permet guère d'en affirmer l'identité avec cette espèce.

Le *N. sublævigatus* habite, en France, un horizon un peu supérieur à celui du Djebel Cehela; toutefois on l'a signalé aussi dans l'étage cénomanien et M. Sharpe le cite dans la craie chloritée de Bonburch.

Il a été trouvé encore au Djebel Meghila (Foum-el-Guelta), dans l'étage cénomanien, un moule de *Nautilus* beaucoup trop fruste et incomplet pour pouvoir être déterminé ou décrit. Il est globuleux, renflé, à dos arrondi et à ombilic étroit comme les précédents. Nous pensons que cet individu peut ne pas appartenir à la même espèce, car ses cloisons forment sur le dos une sinuosité très sensiblement plus profonde. Nous ne retrouvons même ce caractère à un degré aussi prononcé dans aucune espèce connue du crétacé moyen.

D'autres jeunes individus de *Nautilus*, également indéterminables, ont été recueillis au Djebel Meghila, dans la zone moyenne du sommet à *Turrilites costatus*.

Nautilus Dekayi Morton *Synopsis org. rem. cret. gr. Unit. St.* 33, t. 8, fig. 4; Coquand *Géol. et pal. rég. sud prov. Constantine*, 305 [1862]; Nicaise *Catal. anim. foss. prov. Alger*, 77 [1870]; Pomel *Texte explic. Carte géol. Alger et Oran*, 30 [1882]; Peron *Essai descr. géol. Algérie*, 134 [1883].

Plusieurs *Nautilus* ont été rencontrés dans l'étage sénonien inférieur du Djebel Sidi-bou-Ghanem. Ils sont frustes et incomplets. Nous pensons cependant pouvoir les assimiler assez sûrement au *Nautilus Dekayi* Morton. Ils en ont bien la forme globuleuse et très renflée, le dos largement arrondi, les flancs convexes, les tours très embrassants, l'ombilic très peu ouvert, les cloisons assez espacées et peu sinueuses. Ces exemplaires diffèrent peu du *N. sublævigatus*, dont ils ont les cloisons peu sinueuses et la forme générale. Cependant ils nous semblent s'en distinguer par l'ombilic plus ouvert.

Nous mentionnerons encore ici, en attendant de meilleurs matériaux, un gros *Nautilus* de la craie supérieure du Chaab-el-Guetof, continuation du Djebel Blidji. C'est un gros individu, extrêmement fruste, dont toute la surface est corrodée. On n'y voit aucun ornement. La forme des cloisons même ne peut être distinguée. La forme générale est relativement déprimée et la spire très embrassante. Il semble différent de ceux du Djebel Sidi-bou-Ghanem.

Enfin deux autres exemplaires, également très frustes et incomplets, ont été encore recueillis dans la craie supérieure, au Bir Magueur et à Chebika. Ils sont, comme le *Nautilus Dekayi*, renflés, arrondis, à ombilic étroit et à cloisons très peu sinueuses.

Coquand a cité le *N. Dekayi* au Djebel Doukhan et dans le sud de la province d'Alger. Nicaise l'a recueilli sur la rive gauche du Chelif, près d'Aïn Seba. Nous l'avons nous-même cité au Kef Matrek, au nord du Hodna.

AMALTHEIDÆ.

Genre **BUCHICERAS** Hyatt [1875].

Ammonites Bayle [1849]. — *Ceratites* Coquand [1862]; Brossard [1867]; Ville [1868]; Nicaise [1870]; Peron [1883]. — *Buchiceras* Bayle [1885]; Zittel [1885].

Nous abordons, avec le genre *Buchiceras*, un groupe d'Ammonites qui joue un rôle important dans la craie du Nord africain et qui réclame une étude toute particulière. Comme document stratigraphique, son utilité est capitale. Les *Buchiceras*, en effet, nous ont été d'un grand secours pour fournir quelques points de repère au milieu des assises si puissantes et si uniformes du crétacé supérieur de l'Algérie. Grâce à la constance de leur horizon géologique, ils nous ont beaucoup aidé à établir quelque parallélisme entre ces assises et les divers étages de la craie européenne.

Les *Buchiceras* sont assez étroitement cantonnés dans les couches inférieures de l'étage sénonien. C'est surtout dans la craie à faciès méditerranéen qu'ils se développent. On en connaît en Égypte, en Palestine, dans le cercle de Salzbourg, dans la Provence et dans les Corbières; mais on en trouve également des spécimens dans les Charentes et dans la Touraine.

En France, les gisements les plus connus sont les environs de Dieulefit dans la Drôme, la craie de Pons dans la Charente et celle de Cangey près de Limeray (Loiret-Cher). Dans tous ces gisements, c'est au même niveau stratigraphique qu'habitent les *Buchiceras*. Ce niveau, d'après M. Arnaud[1], serait l'étage coniacien de Coquand; mais M. Toucas[2] et d'autres géologues le placent de préférence dans l'étage santonien.

En Algérie, en raison de l'insuffisance et de l'incertitude des premières explorations, l'horizon géologique des premiers *Buchiceras* connus a été mal interprété. M. Bayle les a placés dans la craie cénomanienne et son exemple a été d'abord suivi par Coquand, puis par d'autres géologues qui les ont mentionnés, comme Nicaise, M. Hardouin, M. Zittel, etc. Depuis, M. Bayle a même cité un nouveau *Buchiceras* (*B. Tissoti*) qu'il indique, avec doute, comme provenant de la craie

---

[1] *Bull. Soc. géol. France*, sér. 3, XIV, 45.
[2] *Ibid.*, sér. 3, XV, 150.

inférieure de l'Algérie. Toutes ces indications sont inexactes. Nous avons pu avoir
connaissance de toutes les espèces décrites de *Buchiceras* algériens, nous avons
étudié leurs gisements et nous sommes en mesure de déclarer que tous doivent être
classés dans ces premières assises de la craie supérieure de l'Algérie dont nous
avons formé l'étage santonien.

En Tunisie, il en est exactement de même. Les gisements où M. Ph. Thomas a
rencontré des fossiles de ce genre sont tous semblables, comme facies et comme
niveau stratigraphique, à ceux de l'Algérie.

Les Ammonites africaines du groupe qui nous occupe sont jusqu'ici fort insuffisamment connues. La première espèce qui a été décrite a été mal conçue, car, à
notre avis, elle comprend deux formes bien distinctes. Il est résulté de ce point de
départ incertain que les auteurs ont été fort embarrassés pour déterminer leurs
espèces. Des dénominations diverses, et souvent nouvelles, ont été ainsi attribuées
à tort aux différents spécimens recueillis successivement. Parmi ces types spécifiques nouveaux il en est, comme le *Buchiceras Tissoti* Bayle, qui ont été figurés
sans être décrits et d'autres qui, comme les *Ceratites Brossardi*, *C. Nicaisei*,
Heterammonites ammoniticeras, ont été décrits fort sommairement sans être figurés.
En raison de cet état de choses, il est fort difficile de se reconnaître au milieu de
ce chaos.

Si nous en jugeons d'après les matériaux importants que nous avons pu réunir,
les espèces de ce groupe offrent une grande variabilité, non seulement sous le
rapport de la forme, mais aussi sous le rapport de l'ornementation qui est plus ou
moins accentuée. Nous assistons ici à un phénomène qui se produit chez bien
d'autres espèces de cette famille des Amalthéidées, notamment chez les *Amal-
theus cordatus*, *A. margaritatus*, etc., dont les ornements varient singulièrement
selon que l'individu est renflé ou déprimé. Il n'est donc pas très étonnant que, en
présence de matériaux trop peu abondants, les auteurs aient été amenés à créer
des espèces assez nombreuses. Nous montrerons ci-après, en les décrivant, que
leur nombre doit être considérablement réduit.

La première espèce du groupe, décrite en Algérie, a été placée par M. Bayle
parmi les Ammonites. C'est Coquand qui le premier, à l'exemple de d'Orbigny, de
de Buch, etc., a assimilé ces Ammonites aux *Ceratites* de Haad. Plus tard, après la
création du genre *Buchiceras* Hyatt[1], MM. Bayle, Zittel, etc., ont classé nos espèces
dans ce nouveau genre.

Les *Buchiceras* font partie du groupe des *Amalthéidées* avec lesquelles Neumayr
a démontré la parenté de nos Cératites crétacées. Leur type paraît être l'*Ammonites
Syriacus* de Buch, de la craie de Syrie. Leurs caractères principaux sont les
suivants : Coquille discoïde, à ombilic assez étroit; partie externe tranchante et
pourvue d'une quille, ou un peu aplatie, limitée par des rangées de tubercules;
flancs lisses ou ornés de côtes; ligne suturale plus ou moins cératitiforme, à selles et
à lobes à contours simples ou faiblement dentés et jamais ramifiés. Dans ce cadre
ont pu ainsi entrer, non seulement l'*Ammonites Ewaldi* et l'*A. Fourneli* Bayle,

---

[1] *Proceed. Boston Soc. natur. Hist.*, 369 [1875].

dont les cloisons sont tout à fait cératitiformes, mais aussi l'*A. Morreni* Coquand, autre espèce mal connue, dont les selles et les lobes sont légèrement persillés.

Il semble étonnant que Coquand, qui avait, en 1879, placé lui-même son *A. Morreni* dans le genre *Cératites*, malgré la découpure de ses selles, ait cru devoir proposer plus tard une nouvelle coupe générique, les *Heterammonites*, pour une Cératite algérienne, dans laquelle il a trouvé la première selle et les premiers lobes latéraux digités et découpés, tandis que les autres restent simples. Or toutes nos espèces de Cératites algériennes présentent, à un degré plus ou moins prononcé, cette division de la première selle latérale. Il en est de même des espèces connues en France, comme les *Buchiceras Ewaldi*, *B. Nardini*, etc. Si donc il y avait utilité de créer un nouveau genre en raison de ce caractère, ce n'était pas seulement l'*Heterammonites ammoniticeras* qui devait y être placé, mais toutes les Cératites crétacées connues. Or ce nouveau genre existait déjà quand Coquand a publié le sien : c'est le genre *Buchiceras* Hyatt, dont le cadre assez large peut précisément recevoir toutes ces formes à cloisons peu découpées. Le genre *Heterammonites* Coquand n'a donc aucune raison d'être et il doit être abandonné comme faisant double emploi avec le genre *Buchiceras* plus anciennement établi.

En comprenant ici le genre *Buchiceras* dans son sens le plus restreint, c'est-à-dire en en séparant les genres *Sphenodiscus* et *Neolobites*, qui doivent recevoir quelques-unes des anciennes Cératites crétacées algériennes, comme les *Ceratites Verneuilli* et *C. Maresi* Coquand, il reste encore de nombreuses espèces à y placer ; ce sont les *Ammonites Fourneli* Bayle, *A. Morreni* Coq., *Buchiceras Tissoti* Bayle, *Ceratites Nicaisei* Coq., *C. Brossardi* Coq., *Heterammonites ammoniticeras* Coq. Nous verrons, au surplus, dans les descriptions ci-après, que la plupart de ces espèces ne peuvent être conservées.

Buchiceras Ewaldi de Buch; Nob., pl. XV, fig. 1-9. — *B. Ewaldi* de Buch *Ueber Ceratiten, in Abhandl. der Akad. der Wissenschaften zu Berlin*, 26, t. 2, fig. 6 et 8, et t. 7, fig. 4. — *Ammonites Robini* Thiollière in *Ann. Soc. agr. Lyon*, sér. 1, t. 11 [1848]; de Buch, loc. cit., 28, t. 6, fig. 4 et 5 [1848]. — *A. Fourneli* Bayle (ex parte) in Fournel *Rich. minér. Algérie*, 360, t. 18, fig. 1 et 2 (non fig. 3, 4) [1849]. — *Ceratites Fourneli* Coquand *Géol. et pal. rég. sud prov. Constantine*, 167, t. 1, fig. 5 et 6 [1862]. — *C. Robini* Brossard *Essai const. phys. et géol. rég. mérid. subd. Sétif*, 237 [1867]. — ? *Ammonites Fourneli* Hardouin in *Bull. Soc. géol. France*, sér. 2, XV, 340 [1868]; Ville *Explor. Hodna*, 79 [1868]. — *Ceratites Fourneli* Nicaise (?) *Catal. anim. foss. prov. Alger*, 67 [1870]; Ville *Explor. Beni Mzab*, 172 [1872]; Coquand *Études suppl.*, 167 [1879]. — *C. Brossardi* Coquand *Etudes suppl.*, 38 [1879]. — *Heterammonites ammoniticeras* Coquand *Études suppl.*, 40 [1879]. — *Ceratites Fourneli* Cotteau, Peron et Gauthier *Descr. Échin. foss. Algérie*, étage sénonien, 14 [1881]. — *Ammonites* cf. *Ewaldi* Redtenbacher *Die Cephal. Fauna der Gosausch.*, 98, t. 22, fig. 5 [1873]. — *Buchiceras Fourneli* Bayle (ex parte) *Atlas pal.*, t. 40, fig. 4 et 5 (non fig. 3) [1880]; Zittel *Traité de pal.*, 448, fig. 647 [1887]. — *B. Ewaldi* Fallot *Étude géol. terr. crét. sud-est France*, 237, t. 3, fig. 1 et 2 [1885]. — *B. Tissoti* Bayle *Atlas pal.*, t. 40, fig. 1 [1880].

En décrivant l'*Ammonites Fourneli*, en 1849, M. Bayle faisait remarquer que son espèce présentait la plus grande analogie avec l'*Ammonites Robini*, que Thiollière venait de découvrir dans les environs de Dieulefit (Drôme). Il était porté à croire qu'une comparaison directe des échantillons conduirait à identifier les deux espèces, si on retrouvait dans les jeunes individus de l'*A. Robini* tous les ornements du test qu'il avait signalés sur le jeune individu d'Algérie. En conséquence, ce n'était que provisoirement que M. Bayle donnait le nom de *Fourneli* à ses exemplaires, sauf à le remplacer par celui de *Robini*, quand l'identité des espèces serait constatée. A la vérité, M. Bayle semble avoir abandonné aujourd'hui cette manière de voir, car, dans son bel atlas publié pour l'*Explication de la Carte géologique détaillée de la France*, il a reproduit, sous le nom de *Buchiceras Fourneli*, les deux spécimens d'*Ammonites Fourneli* qu'il avait autrefois figurés dans la *Richesse minérale de l'Algérie*.

Cependant le moment nous semble venu d'opérer la réunion que M. Bayle avait indiquée. La condition que ce savant avait mise à cette réunion ne s'est pas, il est vrai, réalisée; c'est-à-dire que l'on ne retrouve pas dans les jeunes *Ammonites Robini* les caractères qu'il avait signalés dans son jeune *A. Fourneli*; mais cela s'explique fort naturellement. M. Bayle, en effet, a compris sous le nom d'*A. Fourneli* deux formes bien distinctes de *Buchiceras* qui se trouvent presque toujours ensemble dans le Sénonien inférieur. Ces deux formes sont représentées, dans la *Richesse minérale* et dans l'*Atlas de paléontologie*, par deux spécimens dont l'un est, à tort, considéré comme le jeune de l'autre. Ces deux individus sont, en somme, fort différents et l'inspection seule des figures suffit à le montrer.

Pénétré de l'idée que ces deux fossiles appartenaient à la même espèce, M. Bayle a dû, dans sa diagnose de l'*Ammonites Fourneli*, combiner leurs caractères, et c'est seulement par la variation résultant de l'âge qu'il explique leurs différences.

Or nous avons reconnu, par l'étude d'une série d'individus de chacun des types figurés par M. Bayle, que la transformation attribuée à l'âge par le savant paléontologue ne se produisait en réalité aucunement. Nous avons des jeunes, des moyens, des vieux et, dans chaque série, tous les individus conservent bien les caractères respectifs de leur type. Il n'est donc pas douteux pour nous que sous le nom d'*Ammonites Fourneli* se trouvent réunies deux espèces qu'il y a lieu de séparer. Sans doute ces espèces ont entre elles certaines affinités, peut-être même certaines transitions; mais c'est ainsi qu'il en est toujours quand on étudie de nombreux individus d'espèces voisines. Il n'en demeure pas moins nécessaire d'opérer des coupures et de distinguer les types spécifiques quand ils sont suffisamment caractérisés.

Des deux individus d'*Ammonites Fourneli* étudiés par M. Bayle, c'est évidemment l'adulte dont la ressemblance avec l'*A. Robini* l'avait frappé. Le deuxième, en effet, en diffère d'une façon notable et nous définirons plus loin ses caractères propres.

Les découvertes que nous avons faites nous-même en Algérie, celles que M. Thomas a faites en Tunisie ont complètement confirmé l'idée de rapprochement émise autrefois par M. Bayle. L'identité de l'Ammonite de Thiollière avec celle de M. Bayle nous paraît actuellement évidente.

D'autre part, M. Fallot a montré récemment que les *Ammonites Robini* Thiollière et *A. Ewaldi* de Buch n'étaient que deux variétés de la même espèce. Cette manière de voir, que notre savant confrère a appuyée d'une bonne démonstration, est d'autant plus admissible que nous avons nous-même observé, dans nos individus d'Afrique, des variations tout à fait semblables et équivalentes.

Les tubercules latéraux qui caractérisent principalement l'*A. Ewaldi* s'atténuent et s'effacent avec l'âge. Nous avons pu nous en convaincre en enlevant des portions de tour à des individus adultes qui paraissaient entièrement lisses, et qui, par suite, pouvaient être appelés *A. Robini*; dans les tours antérieurs nous avons retrouvé, souvent très accentués, les tubercules marginaux et dorsaux. L'individu que nous faisons figurer (pl. XV, fig. 1) est dans ce cas : une moitié de tour environ, représentant presque toute la dernière loge, a pu être détachée et, dans la partie fraîche, mise à nu, les tubercules dorsaux sont apparus très accentués.

Nous souscrivons donc pleinement à la *réunion* proposée par M. Fallot des *A. Robini* et *A. Ewaldi*, et, à l'exemple de notre confrère, c'est ce dernier nom que nous adopterons comme ayant le droit de priorité.

Cette question préjudicielle étant résolue, il est nécessaire de reprendre la description de ceux de nos exemplaires africains que nous considérons comme représentant le *Buchiceras Ewaldi* de Buch.

Diamètre atteignant jusqu'à 140 millimètres sur un spécimen pourvu encore d'une partie de sa dernière loge. Épaisseur extrêmement variable suivant les individus, même de diamètre égal. Forme générale parfois très déprimée, presque plate, parfois très renflée et globuleuse. Section des tours variant en conséquence de la forme : parfois presque semi-circulaire, ou triangulaire à base large, ou allongée et lancéolée. Tours convexes, complètement enveloppants, ne laissant au milieu qu'un ombilic presque nul, dans lequel on ne distingue presque rien des tours intérieurs. Dos plus ou moins aminci, mais toujours tranchant et pourvu d'une quille en lame mince qui, sur les individus intacts, est extrêmement saillante. Flancs garnis de 18 à 20 costules, minces, espacées, simples, droites, très peu saillantes, peu visibles sur les individus âgés, mais ne disparaissant peut-être que par suite de l'usure de la surface. Ces côtes, limitées très uniformément, sont toujours nulles ou insensibles à l'ombilic; elles s'accentuent seulement sur la moitié externe du tour et se terminent sur le côté du dos, à une certaine distance de la quille, par une saillie tuberculeuse plus ou moins accentuée, parfois nulle, parfois élevée, élargie et formant par sa réunion avec les autres une ligne régulière qui constitue, sur chaque côté du dos, une petite carène secondaire parallèle à la quille médiane. Ligne suturale des cloisons comprenant un lobe ventral divisé en deux parties par la quille et 3 ou 4 selles larges, arrondies, séparées par des lobes assez étroits dont l'extrémité est garnie de 4 ou 5 denticules aigus. La première selle latérale est toujours divisée en deux ou trois parties inégales par des lobes secondaires et elle prend souvent un aspect découpé et persillé, très différent de celui des autres selles. Sur les exemplaires pourvus de la dernière loge, on voit que ces cloisons se resserrent en s'approchant de cette loge; alors les selles se dépriment en s'élargissant et les lobes se raccourcissent.

Si l'on veut maintenant rapprocher ces caractères de ceux des *Buchiceras Robini* et *Ewaldi*, on reconnaîtra facilement qu'ils ne présentent aucune différence. C'est certainement en raison de la définition imparfaite du *B. Fourneli* et de la confusion dans ce même type de deux espèces dissemblables, que les auteurs n'y ont jamais reconnu les espèces de la Drôme. Une exception cependant est à signaler. M. Brossard[1] seul, qui précisément a exploré les mêmes gisements où nous avons recueilli, en Algérie, nos meilleurs spécimens de *Buchiceras*, a signalé l'existence, dans son étage santonien, du *Ceratites Robini*, sans faire aucune mention du *Ceratites Fourneli*. Il est à remarquer en outre que la plupart des paléontologues qui ont écrit sur l'Algérie ou les contrées voisines ne semblent pas avoir réellement connu l'*Ammonites Fourneli* de M. Bayle. Coquand notamment, quoiqu'il annonce l'avoir rencontré dans le Carentonien(?) de Batna, n'en a eu certainement qu'une connaissance des plus imparfaites. Dans son grand ouvrage de 1862, il n'a fait que recopier textuellement la description donnée par M. Bayle. C'est également la figure donnée par M. Bayle qu'il reproduit dans son Atlas, et comme il reproduit seulement l'adulte, à l'exclusion de l'individu jeune, il en résulte que la description qu'il a transcrite concorde mal avec la représentation de l'espèce.

On s'explique assez facilement que, dans l'impossibilité où il se trouvait de faire cadrer les caractères des échantillons qui lui ont été communiqués avec ceux de l'espèce de M. Bayle, Coquand ait été amené à établir de nouvelles coupures spécifiques. Toutes ces nouvelles espèces, cependant, sont à supprimer. Les unes, comme les *Ceratites Brossardi*, *C. Morreni*(?), *Heterammonites ammoniticeras*, nous paraissent n'être que des variétés du *Buchiceras Ewaldi*; d'autres, comme le *Ceratites Nicaisei*, doivent être rattachées au *Buchiceras Fourneli*, tel que nous allons l'établir tout à l'heure.

M. Zittel, qui, dans le désert Libyque, dont les formations géologiques sont très analogues à celles de l'Algérie, a rencontré plusieurs espèces de *Buchiceras*, mentionne seulement le *B. Morreni* Coq., à l'exclusion du *B. Fourneli*. C'est dans son *Traité de paléontologie* seulement que le savant bavarois fait mention de cette dernière espèce. La figure[2] qu'il en donne n'est encore qu'une reproduction de celle donnée récemment par M. Bayle dans son *Atlas de paléontologie*.

M. Bayle lui-même, induit sans doute en erreur par l'idée qu'il se faisait de sa propre espèce, nous paraît l'avoir méconnue en attribuant le nouveau nom de *Buchiceras Tissoti* à un spécimen qui n'est qu'une variété de grande taille, plus déprimée et un peu plus costulée, de l'individu adulte de *B. Fourneli* représenté sur la même planche.

---

[1] *Essai sur la constitution physique et géologique des régions méridionales de la subdivision de Sétif*, 237 [1867].

[2] *Traité de paléontologie*, traduction Barrois, II, 448, fig. 647.

M. Fallot[1], qui vient d'éclairer d'une façon si heureuse l'histoire des *Buchiceras*
des grès verts de Dieulefit, ne fait, dans ses comparaisons, aucune mention du
B. Fourneli. Pourtant cette espèce, sous la double manifestation que lui attribuait
M. Bayle, comprend précisément les deux types principaux de Dieulefit : *B. Ewaldi*
et *B. Nardini* Fallot. Les individus d'Algérie que nous rapportons au *B. Ewaldi*
sont un peu différents de ceux de la Drôme. La variété la plus commune, c'est-à-
dire celle à légères côtes espacées, ne formant près du dos qu'un petit tubercule,
offre un aspect un peu différent de celui de l'individu que M. Fallot[2] a figuré.
Mais M. Fallot dit lui-même que l'espèce est souvent tout à fait lisse, que les
tubercules dorsaux, assez visibles chez les jeunes, disparaissent chez l'adulte, etc.
D'ailleurs, en Algérie aussi, nous avons retrouvé des spécimens identiques au type
de M. Fallot et l'individu que nous figurons (pl. XV, fig. 1) montre des tubercules dorsaux alignés et aussi accentués que ceux de ce dernier.

Indépendamment des grès sénoniens de la Drôme, qui en ont fourni les premiers spécimens, il y a plusieurs autres gisements en Europe qui renferment le
Buchiceras Ewaldi. M. Arnaud, en effet, l'a retrouvé dans les calcaires coniaciens
des environs de Pons; M. Redtenbacher en a décrit, sous le nom d'*Ammonites*
aff. *Ewaldi*, plusieurs individus qui proviennent de la craie à Hippurites de la
vallée de Gosau. Enfin, M. de Grossouvre nous a communiqué un assez bon exemplaire qui provient des calcaires durs de la base des carrières de Cangey, près
Limeray (Loir-et-Cher), calcaires que notre savant confrère attribue à l'étage
coniacien.

En Algérie et en Tunisie nous ne saurions dire si c'est exactement à cette même
subdivision qu'appartiennent nos *Buchiceras*. Nous n'avons pu jusqu'ici établir une
correspondance suffisante entre nos diverses assises du Sénonien inférieur et les
subdivisions que les géologues du sud-ouest de la France ont appelées étage coniacien et étage santonien. Mais ce qui est bien établi, c'est que les couches qui
recèlent ces *Buchiceras* sont situées vers la base de la craie sénonienne.

Algérie : Les Tamarins (Nza-ben-Messaï); Tebessa; entre Mansourah et Bordj-
bou-Areridj; Medjez-el-Foukani.

Tunisie : Khanget Mezouna; Khanget Safsaf; Khanget Tefel; Djebel Aïdoudi
(versant sud). — Étage santonien.

Buchiceras Fourneli Bayle emend.; Thomas et Peron, pl. XV, fig. 10-14, et
pl. XVII, fig. 11-13. — *Ammonites Fourneli* (ex parte) Bayle in Fournel *Rich.
minér. Algérie*, 360, t. 17, fig. 3 et 4 (non fig. 1, 2) [1849]. — *A. Syriacus* Dubocq
Géol. Zibans et Oued R'hir, 3 [1853]. — *A. aplophyllus* Redtenbacher *Die Cephal.
Fauna der Gosausch.*, 11, t. 23, fig. 1 [1873]. — *Ceratites Nicaisei* Coquand in Nicaise
Catal. anim. foss. prov. Alger, 67 [1870]. — *C. Fourneli* Toucas in *Bull. Soc. géol.
France*, sér. 3, VIII, 45 [1879]. — *C. Nicaisei* Coquand *Études suppl.*, 38 [1879].
— *Buchiceras Slizewiczi* Fallot *Études géol. terr. crét. sud-est France*, 240, t. 2, fig. 2

---

[1] *Étude géologique sur les étages moyen et supérieur du terrain crétacé dans le sud-est de la
France*, 236 et suiv.
[2] *Loc. cit.*, III, t. 3, fig. 1.

[1885]. — *Buchiceras Nardini* Fallot, loc. cit., 241, t. 3, fig. 3 et 4. — *B. Slizewiczi*
et *B. Nardini* Arnaud in *Bull. Soc. géol. France*, sér. 3, XIV, 47 [1885]. — *B. Four-*
neli (pro parte) Bayle *Atlas pal.*, t. 40, fig. 3 (non fig. 2 et 4) [1880].

En traitant de l'espèce précédente, nous avons fait remarquer que M. Bayle
avait compris sous la dénomination unique d'*Ammonites Fourneli* deux espèces
distinctes. L'individu adulte, qui naturellement servait de type principal à l'espèce, ayant été reconnu identique à l'*A. Ewaldi*, espèce plus ancienne, ce dernier nom doit prévaloir. C'est donc celui que nous devons dorénavant appliquer
au type adulte de l'*Ammonites Fourneli*. La question qui se présentait alors était
de savoir ce qu'était la deuxième espèce comprise par M. Bayle sous ce même
nom. Cette deuxième espèce est actuellement connue. Elle a été décrite par divers
auteurs et on pouvait se demander quel nom il convenait de lui attribuer. Nous
pensons qu'il est complètement légitime de conserver à ce type restreint le nom
proposé par M. Bayle. C'est ce nom qui est le plus ancien, et comme, en définitive, le type de cette deuxième espèce a été parfaitement représenté et même
décrit, et que si, par insuffisance des matériaux, il n'a été considéré que comme
le jeune d'une autre espèce, cette erreur ne saurait supprimer le droit de priorité
de l'auteur qui, le premier, a fait connaître ce fossile, nous avons jugé qu'il y
avait lieu d'adopter le nom de *Buchiceras Fourneli*, à l'exclusion de ceux qui lui
ont été donnés depuis.

Cette question ainsi résolue, il convient de définir le *B. Fourneli*, en l'isolant
des spécimens confondus avec lui, et d'en faire ressortir les caractères propres.

L'espèce atteint une taille assez grande. Nous possédons un spécimen
qui atteint 120 millimètres et que nous considérons comme appartenant
à ce type. La forme est discoïdale, à flancs aplatis, à dos plus ou moins
large, mais toujours assez épais et parfois presque carré. La carène médiane existe toujours; elle est médiocrement saillante; quand l'individu
est âgé et un peu fruste, elle disparaît presque complètement. D'après
un de nos exemplaires africains, cette carène semble se présenter parfois
sous une forme discontinue, composée seulement de tubercules dorsaux
amincis et allongés dans le sens de la spire. Dans de bons spécimens de
B. Slizewiczi de la Charente, que M. Arnaud a bien voulu nous communiquer, cette structure discontinue de la carène se retrouve également.
On sait, en outre, qu'elle se montre, à un degré très prononcé, dans le
spécimen de *Buchiceras* de Gosau que M. Redtenbacher a fait connaître
sous le nom d'*Ammonites aplophyllus*. Cette particularité toutefois n'est certainement pas constante et, dans le jeune âge surtout, la ligne de tubercules dorsaux est remplacée par une quille pleine, continue et tranchante.
Les tours sont enveloppants et l'ombilic assez étroit, beaucoup moins cependant que dans le *Buchiceras Ewaldi*, car on distingue toujours une petite
partie des tours intérieurs. Les flancs sont constamment et régulièrement
ornés de 8 à 10 côtes principales, qui partent du pourtour de l'ombilic,

où elles forment toujours un tubercule accentué, s'infléchissent un peu
et se terminent sur le côté du dos par un autre tubercule plus ou moins
développé suivant les individus et formant avec les autres une rangée
bien dessinée. Entre les côtes principales naissent, par bifurcation, sur
le milieu des flancs, d'autres côtes secondaires qui s'accroissent rapidement et viennent former vers le dos des tubercules semblables aux autres
et équidistants. Dans la plupart des individus toutes les côtes s'atténuent
vers le milieu des flancs.

Les cloisons du *Buchiceras Fourneli* sont très simples; elles se com-
posent d'un lobe ventral étroit, coupé en deux denticules par la quille centrale; puis, sur chaque flanc, de 3 ou 4 selles arrondies, séparées par des
lobes peu profonds, légèrement denticulés ou paraissant d'autres fois
complètement lisses, surtout sur les jeunes individus. La première selle
dorsale est entamée légèrement par un commencement de bilobation.

Les variations individuelles du *B. Fourneli* portent surtout sur la forme
générale, qui est plus ou moins déprimée, sur l'épaisseur du dos et
sur la saillie des côtes et des tubercules dorsaux. Le facies général reste
cependant constamment le même. Les tubercules ombilicaux sont peu
variables.

L'espèce que nous venons de définir a une certaine analogie, pour la forme et
l'ornementation, avec le *Buchiceras Syriacus* de la craie de Syrie. Elle a même été
désignée sous ce nom spécifique par certains explorateurs. Cependant ce dernier se
distingue très nettement du nôtre par son dos plat, large et complètement dépourvu de quille centrale. Nous avions d'abord pensé que l'absence si exceptionnelle de carène dorsale dans cette espèce pouvait n'être que fortuite et due à une
usure des exemplaires, comme nous l'avons vu quelquefois pour les nôtres; mais
l'examen des trois bons exemplaires figurés par Conrad[1] ne peut laisser de doute
à ce sujet. Il existe d'ailleurs, au Muséum d'histoire naturelle, dans la collection
d'Orbigny, une dizaine d'exemplaires de *Ceratites Syriacus* classés dans l'étage
cénomanien. Ils sont bien semblables à ceux de Conrad et de de Buch, c'est-à-dire
pourvus d'un dos plat sur lequel passent les côtes sans s'atténuer. Ces côtes
en outre sont plus larges que dans le *Buchiceras Fourneli*, et enfin, les lignes
suturales semblent assez différentes. Quoique le *Ceratites Syriacus* soit admis comme
type du genre *Buchiceras* Hyatt, il est incontestable que cette espèce diffère
considérablement des autres *Buchiceras* à dos caréné et à cloisons tout à fait
simples. Il nous semblerait même, d'après l'inspection des cloisons à selles
nombreuses, toutes légèrement divisées, et du dos franchement aplati du *Ceratites
Syriacus*, qu'il serait mieux à sa place avec les *Placenticeras* Meek.

C'est évidemment au *Buchiceras Fourneli*, tel que nous le délimitons ici, que
Coquand a, dès 1870, appliqué le nom de *Ceratites Nicaisei*. La description que ce

---

[1] *Official Report of the Unit. Stat. exped. to expl. the Dead Sea*, 74 [1852].

savant a donnée ultérieurement de ce dernier ne nous laisse aucun doute sous ce rapport. Elle ne comporte en effet aucune différence entre lui et l'*Ammonites Fourneli* jeune de M. Bayle, et on ne s'explique la nouvelle création de Coquand que par ce fait qu'il ne reconnaissait que l'individu adulte comme type de cette espèce.

En 1873, M. Redtenbacher, dans les Céphalopodes de Gosau, a décrit deux espèces d'Ammonites qui nous paraissent représenter exactement les deux *Buchiceras* démembrés de l'ancien *Ammonites Fourneli*. Celle qui correspond à notre *Buchiceras Fourneli* actuel est l'*Ammonites aplophyllus*. Cette espèce ne présente réellement avec nos spécimens aucune différence essentielle. La seule qui frappe l'observateur et qui a paru suffisante à M. Fallot pour distinguer cette espèce, c'est que sa carène est discontinue et composée seulement d'une série de tubercules allongés. Or, nous l'avons déjà fait observer, cette forme de carène se montre parfois, quoique à un degré moindre, dans nos individus et également sur des exemplaires des environs de Pons. Nous ne saurions donc partager la manière de voir de M. Fallot et nous estimons que les *Buchiceras Slizewiczi* et *B. Nardini* peuvent être assimilés à l'*Ammonites aplophyllus* et par conséquent à notre *Buchiceras Fourneli*. Le premier de ces *Buchiceras* de M. Fallot ne semble se distinguer du nôtre que par une disparition plus complète des côtes sur le milieu des flancs; cependant nous avons pu observer sur nos exemplaires et sur ceux de M. Arnaud des variations telles sous ce rapport qu'elles peuvent certainement atteindre au degré indiqué dans les *B. Slizewiczi*. Quant au *B. Nardini*, c'est encore une variété à côtes très atténuées au milieu, mais se distinguant en outre par une forme très aplatie et tout à fait discoïde, surtout par des tubercules latéraux plus aigus et triangulaires. Nous estimons encore que ces différences peuvent rentrer dans les limites des variations individuelles du *B. Fourneli*.

M. Toucas a recueilli dans la craie des Corbières, au Linas près Bugarach (Aude), un échantillon de *Buchiceras* qu'il a bien voulu soumettre à notre examen et qui nous a paru identique au *B. Fourneli* jeune. Il est de taille médiocre, à tours enveloppants, à cloisons cératitiformes et caractérisé, comme les nôtres, par une dizaine de grosses côtes qui partent d'un tubercule ombilical, s'atténuent sur les flancs et se terminent au pourtour par un renflement un peu élargi. Nous insistons sur cette ressemblance parce que notre savant ami semble avoir, dans ses derniers travaux, renoncé à la détermination que nous lui avions indiquée et aussi parce que cette détermination se trouve en parfait accord avec nos propres conclusions au sujet du parallélisme des diverses couches de la craie des Corbières.

Parmi les ressemblances qu'il paraît utile encore d'indiquer ici, il convient de signaler celle de nos *B. Fourneli* avec tout un groupe d'Ammonites dont nous parlerons plus loin. Ces Ammonites, dont les principaux représentants sont les *Ammonites Haberfellneri* Hauer, *A. Alstadenensis* Schlüter, *A. dentato-carinatus* Rœmer, *A. Petrocoriensis* Coquand, etc., présentent tout à fait la même forme, le même dos caréné et la même ornementation. Elles ne diffèrent que par la structure des cloisons.

Le *Buchiceras Fourneli*, tel que nous l'avons défini, se distingue toujours facilement du *B. Ewaldi*. Il est toujours plus discoïde, à flancs plus aplatis, à dos plus épais, à quille moins aiguë. Les tours sont moins enveloppants et l'ombilic plus ouvert. Les côtes sont plus épaisses, flexueuses, toujours bifurquées et surtout forment à l'ombilic de gros tubercules qu'on ne voit jamais dans le *B. Ewaldi*, même à l'état jeune.

Enfin, les cloisons elles-mêmes sont sensiblement différentes. La première selle est toujours beaucoup plus simple.

C'est dans les mêmes localités et au même niveau stratigraphique que se rencontrent les deux espèces, aussi bien en Afrique qu'en Europe.

Algérie : Nza-ben-Messaï ; Djebel Senalba ; Medjèz-el-Foukani.

Tunisie : Djebel Bou-Driès ; Khanget Goubel ; Khanget Safsaf. — Étage santonien.

Buchiceras cf. **Morreni** Coquand. — *Ammonites Morreni* Coquand *Géol. et pal. rég. sud prov. Constantine*, 173, t. 1, fig. 3 et 4 [1862]. — *Ceratites Morreni* Coq. *Études suppl.*, 372 [1880]. — *Buchiceras Morreni* Zittel *Beiträge zur Geol. und Pal. der libysch. Wüste*, 79 [1885].

L'*Ammonites Morreni* Coquand, de l'étage santonien de Tebessa, est une espèce peu connue et qui nous paraît assez mal définie. Aussi est-ce avec de grandes réserves que nous rapprochons de ce type un fragment recueilli par M. Thomas en Tunisie. Dans ce fragment le tour est plus déprimé que dans l'individu figuré par Coquand. Cette différence cependant ne nous paraît pas suffisante pour le distinguer, car, comme nous l'avons dit, ce groupe d'Ammonites montre une grande variabilité dans l'épaisseur et le renflement des tours. D'ailleurs, Coquand lui-même déclare que les jeunes *A. Morreni* sont à peine bombés et il ajoute qu'ils portent quelques grosses côtes espacées, qui disparaissent dans l'âge adulte.

Il est regrettable que le savant paléontologue algérien n'ait pas décrit plus complètement et surtout figuré ce jeune *A. Morreni*, qui semble si différent de l'adulte. On aurait pu ainsi mieux se rendre compte des rapports, assurément fort étroits, qui existent entre l'*A. Morreni* et l'*A. Fourneli*. En se basant sur la figure et sur les descriptions de Coquand, la différence qu'on peut relever entre les deux espèces consiste principalement dans la découpure des lignes suturales. Cette différence, d'après la figure, serait assez considérable, car dans l'*A. Morreni* les selles sont, aussi bien que les lobes, assez fortement digitées. C'est évidemment pour cette raison que Coquand a placé son espèce dans les Ammonites et non dans les Cératites, comme il l'a fait pour le *Ceratites Fourneli* et autres. Cependant il existe à ce sujet, entre la figure et la description, quelques désaccords qui peuvent donner lieu à des doutes sur la fidélité absolue du dessin. Ainsi, dans cette description, il est question non pas des selles, mais seulement des lobes pourvus de digitations. En outre, les cloisons y sont signalées comme assez rapprochées, tandis que dans la figure elles sont plus distantes que dans aucune autre espèce du groupe. Enfin, dans ses derniers travaux sur la paléontologie algérienne, Coquand a transporté son *Ammonites Morreni* dans les *Ceratites*, ce qu'il n'eût pas fait si les cloisons eussent été réellement découpées comme le montrait la figure.

Depuis longtemps nous possédons, dans notre collection, deux individus d'un *Buchiceras* qui proviennent, comme l'*Ammonites Morreni*, du Santonien des environs de Tebessa. Ces spécimens présentent une forme assez spéciale. Les tours, très embrassants et renflés au milieu, sont déprimés sur les flancs et déclives jusqu'à la carène, de telle sorte que la section du tour est tout à fait triangulaire. Malgré cette forme sensiblement différente, nous avons rapporté ces individus à l'*A. Morreni*, parce que les selles ne présentent pas la forme régulièrement arrondie de nos autres *Buchiceras* et que de légères découpures en entaillent le contour de manière à former de petites digitations.

Nous sommes porté à croire maintenant que cet aspect des cloisons peut résulter d'une usure inégale de la surface du fossile. En effet, dans l'un des exemplaires du *Buchiceras Ewaldi* dont nous avons parlé plus haut, on peut constater, quoique à un degré moindre et variable par places, un fait semblable.

Dans ces conditions, non seulement nous ne doutons pas que, comme Coquand l'a d'ailleurs lui-même reconnu, son *Ammonites Morreni* ne soit une des anciennes Cératites crétacées, mais, en outre, nous avons des doutes sur la valeur de l'espèce elle-même et sur la nécessité de la séparer du *Buchiceras Ewaldi*.

Cependant, jusqu'à plus ample étude, l'*Ammonites Morreni* étant signalé dans d'autres régions, il semble convenable de le conserver. Nous attribuerons donc ce nom, provisoirement, aux *Buchiceras* à tours hauts vers l'ombilic, peu larges, déclives et plats sur les flancs, à section triangulaire, à cloisons digitées, mais non ramifiées.

En conservant ainsi cette espèce, nous la voyons représentée en Tunisie par un gros fragment qui en présente sensiblement les caractères. Il est cependant, comme nous l'avons dit, plus déprimé, ce qui peut s'expliquer sans doute par la différence d'âge, mais il a bien les tours lisses, embrassants, triangulaires, le dos caréné, l'ombilic étroit et surtout les lignes suturales des cloisons à contours simples et non ramifiés, mais toutes, nettement digitées.

L'existence du *Buchiceras Morreni* a été signalée dans le désert arabique par M. Zittel. Cette espèce serait même assez fréquente dans la collection que le professeur Schweinfurth a rapportée de l'Ouadi El-More. Cette indication du *B. Morreni* en dehors du gisement de Tebessa est la seule qui soit à notre connaissance; encore ne sommes-nous pas bien sûr que cette espèce ait été interprétée par le savant professeur de Munich comme elle l'a été par nous-même, d'après les exemplaires de Tebessa que nous possédons.

Tunisie : Aïn Settara. — Étage santonien.

Buchiceras Cossoni Thomas et Peron, pl. XVI, fig. 1 et 2.

DIMENSIONS.

Grand diamètre, 260 millimètres; épaisseur, 56 millimètres. — Individu unique.

Coquille de grande taille, très déprimée, à tours larges et enveloppants. Dos aminci et tranchant. Flancs lisses, déprimés dans la partie ombilicale, convexes et un peu renflés au milieu, déclives dans la partie externe. Aucune trace de côtes, ni de tubercules ombilicaux ou dorsaux. Ombilic presque fermé, ne laissant pas voir les tours précédents. Lignes suturales des cloisons composées de selles à contours simples, arrondis, et de lobes nettement denticulés, mais non ramifiés. Il existe au moins 6 selles, sans doute 7 et autant de lobes. La structure de la première selle n'est pas bien apparente dans notre exemplaire, mais il semble évident qu'elle est plus compliquée que celle des autres. Cette condition est d'ailleurs générale chez tous les *Buchiceras*, car c'est par une division de cette première selle latérale que se fait progressivement l'augmentation de la largeur des cloisons. La forme et la profondeur des selles et des lobes varient beaucoup, suivant l'endroit du fossile où on les examine. A mesure qu'elles approchent de la loge d'habitation, les cloisons sont de plus en plus serrées et rapprochées, mais un peu inégales. Vers les dernières, l'intervalle entre deux cloisons successives est quatre ou cinq fois moindre que vers le commencement du tour. Il résulte de ce rapprochement que les selles se dépriment en s'élargissant et que leur convexité en avant est beaucoup moindre; les lobes sont aussi beaucoup moins profonds.

Notre *B. Cossoni* est certainement très voisin de certaines variétés déprimées du *B. Ewaldi*. Les *B. Brossardi* Coquand et *B. Tissoti* Bayle, notamment, que nous avons réunis au *B. Ewaldi*, ont sensiblement l'aspect de notre espèce; mais l'un et l'autre, quoique de taille déjà grande, montrent des côtes très sensibles. Le *B. Cossoni* présente pour ainsi dire l'exagération des caractères propres de ces espèces. Comme il est plus récent que les autres, on peut admettre qu'il en dérive. Il eût été sans doute encore possible de le rattacher au *B. Ewaldi*, comme type extrême, et, après toutes les variations que nous avons constatées dans cette espèce, nous avons hésité à l'en distinguer. Il nous a semblé cependant qu'il était nécessaire de faire ici une coupure spécifique. Non seulement cette coupure est justifiée par les caractères différentiels de cet individu, mais elle est utile au point de vue stratigraphique, en ce sens que le *B. Cossoni* a été recueilli dans un niveau crétacé supérieur à celui du *B. Ewaldi*. L'avenir et les découvertes qu'on fera de nouveaux exemplaires nous apprendront si les caractères propres du *B. Cossoni* sont constants et si nous avons eu raison de le distinguer.

Parmi les différences que nous remarquons entre notre espèce et le *B. Ewaldi*, il en est, comme l'absence complète de côtes, qui peuvent être dues à l'âge de notre individu. Il reste cependant la différence considérable de taille. Nous connaissons actuellement de nombreux individus du *B. Ewaldi*, et aucun n'atteint, à beaucoup près, la taille du *B. Cossoni*. En outre, ce dernier, au lieu de montrer la plus grande épaisseur à l'ombilic, comme c'est le propre du *B. Ewaldi*, est au contraire déprimé à l'ombilic et c'est vers le milieu des tours que se trouve la convexité. Enfin le nombre des selles et des lobes est bien plus considérable dans notre espèce et la rapproche, sous ce rapport, des *Sphenodiscus*, notamment du *S. Ismaelis* Zittel et d'autres espèces de la craie supérieure.

Cette espèce est dédiée à M. Cosson, l'éminent botaniste, membre de l'Institut, président de la Mission de l'exploration scientifique de la Tunisie.

Tunisie : Bir Oum-el-Djaf. — Étage campanien.

Genre **NEOLOBITES** Fischer [1882].

Neolobites Vibrayeanus d'Orbigny; Nob. pl. XVIII, fig. 1 et 2. — *Ammonites Vibrayeanus* d'Orbigny *Pal. franç.*, Terr. crét., Céphal., 322, t. 96, fig. 1-3. — *Ceratites Maresi* Coquand *Géol. et pal. rég. sud prov. Constantine*, 168, t. 32, fig. 1 et 2 [1862]. — *C. Verneuilli* Coquand, loc. cit., 329, t. 36, fig. 1 et 2. — *C. Ganiceti* Coquand *Atlas*, t. 36, fig. 1 et 2. — *C. Verneuilli* Hardouin in *Bull. Soc. géol. France*, sér. 2, XV, 340 [1868]. — *Ammonites Vibrayeanus* Nicaise *Catal. anim. foss. prov. Alger*, 54 [1870]. — *Ceratites Maresi* Pomel *Massif Milianah*, 83 [1873]; Coquand *Études suppl.*, 35 [1879].

Le *Neolobites Vibrayeanus* paraît assez répandu en Tunisie, dans les couches du Cénomanien inférieur. A l'exception du spécimen que nous faisons figurer, tous les autres exemplaires rencontrés par M. Thomas ne sont que des fragments; mais, par la largeur et la forme déprimée des tours, par les côtes flexueuses plus ou moins prononcées qui garnissent les flancs, par leur dos étroit, tronqué carrément et ordinairement bordé de chaque côté par une rangée de petits tubercules, enfin par leurs lignes suturales très simples, sans digitation sur les lobes ni sur les selles, etc., ils présentent très bien tous les caractères du type de l'espèce.

Coquand a décrit sous le nom de *Ceratites Maresi* une Ammonite fort semblable, sous tous les rapports, à celle qui nous occupe. Les côtes seulement sont un peu plus prononcées que dans nos exemplaires, mais pas plus que dans ceux du Cénomanien de la Provence. Il nous paraît donc hors de doute que cette Cératite de Coquand fait double emploi avec le *Neolobites Vibrayeanus*. Cet auteur a donné peu de détails sur la structure des lignes cloisonnales du *Ceratites Maresi*. Il semble même exister un désaccord entre la description et la figure au sujet de ces lignes; cependant, dans leur ensemble, elles sont bien semblables à celles de nos exemplaires.

Si, comme nous le pensons, le *C. Maresi* n'est autre que le *Neolobites Vibrayeanus*, il faut admettre que le gisement du premier a été inexactement indiqué. En effet, Coquand le signale comme provenant des couches à *Hemiaster Fourneli* des environs de Géryville[1]. Or ces couches représentent l'étage santonien et le *Neolobites Vibrayeanus* habite partout l'étage cénomanien inférieur. Les inexactitudes de ce genre sont fréquentes dans les catalogues de Coquand, pour les nombreux fossiles qui lui ont été communiqués de toutes parts, sans doute sans indications précises.

L'erreur nous paraît d'autant plus probable qu'il n'existe pas de couches à *Hemiaster Fourneli* à Géryville et que, d'autre part, nous ne connaissons dans l'étage santonien aucun fossile qui ressemble, de près ou de loin, au *Ceratites Maresi*.

Coquand a encore décrit, comme nouvelle, une autre espèce qui nous paraît pouvoir être réunie au *Neolobites Vibrayeanus*. Cette autre espèce, désignée tantôt sous le nom de *Ceratites Verneuilli*[2] et tantôt sous celui de *C. Ganiceti*[3], se distingue

---

[1] *Géol. et pal. rég. sud prov. Constantine*, 168 et 297.
[2] *Loc. cit.*, 329 et 338.
[3] *Loc. cit.*, 168, et *Atlas*, t. 34.

seulement du *C. Maresi*, dont nous venons de parler, par son dos moyennement tranchant et non pas plat. Nous pensons qu'il n'y a là qu'une apparence illusoire, due à l'usure du fossile. Plusieurs de nos spécimens sont absolument dans le même cas. C'est seulement en les cassant qu'on retrouve, sur les tours intérieurs, la forme carrée du dos. La provenance des *C. Verneuilli* ou *Ganiveti* semble d'ailleurs incertaine, comme celle du *C. Maresi*. Coquand les considère comme provenant de l'étage provencien de Tebessa. Il y a là encore une confusion.

Précédemment, dans son *Synopsis des fossiles des Charentes*[1], Coquand avait donné le nom d'*Ammonites Ganiveti* à un fossile de l'étage angoumien de Girac près d'Angoulême. Cette espèce paraît semblable à celle d'Algérie pour les ornements et la forme du dos, mais, dans la description, il n'est pas question des cloisons. Nous pensons que Coquand a eu d'abord l'idée d'assimiler son exemplaire algérien à cette espèce de la Charente, et c'est pour cela qu'il l'avait d'abord fait figurer sous le nom de *Ceratites Ganiveti*. Puis il y a renoncé dans le texte et l'a alors appelé *C. Verneuilli*.

En France, l'*Ammonites Vibrayeanus* n'avait été signalé par d'Orbigny que dans le grès vert cénomanien de Lamennais (Sarthe). D'après Guillier[2], l'espèce est propre aux deux zones inférieures de l'étage. Il semble qu'il en est ainsi partout où ce fossile a été rencontré. En Provence, nous l'avons trouvé à la Barralière près du Beausset. En Portugal, M. Choffat le signale dans les couches rhotomagiennes de Monte-Servos. Notre obligeant confrère nous en a envoyé un spécimen de cette localité qui est bien semblable aux nôtres.

En Algérie, nous connaissons l'espèce à Berouaguia et à Bou-Saada.

Suivant l'âge et la forme plus ou moins déprimée, l'ornementation du *Neolobites Vibrayeanus* varie beaucoup d'intensité. Parfois, comme dans l'individu de Portugal que nous possédons et dans quelques-uns de Tunisie, les côtes sont à peu près nulles ou au moins peu visibles; d'autres fois, elles s'accentuent considérablement et deviennent tranchantes vers l'ombilic. Les tubercules dorsaux sont aussi plus ou moins gros. Enfin les petites côtes, qui résultent de la bifurcation ou de la trifurcation des côtes principales, sont plus ou moins visibles. Toutes ces variations se montrent chez les échantillons rapportés de Tunisie.

Un de ces échantillons, dont le gisement exact ne nous est pas connu, par suite de la perte de l'étiquette, mais qui provient très probablement du Djebel Roumana, est fort remarquable par l'accentuation de ses caractères. Son aspect est sensiblement différent de celui du type et nous avons hésité à faire de cet exemplaire une espèce nouvelle. Les côtes principales sont rares, espacées et forment d'assez gros tubercules mousses et diffus autour de l'ombilic. Elles se multiplient beaucoup dans la moitié externe du tour, mais elles restent plus grosses et plus sensibles que dans le type. Toutefois nous avons rencontré des intermédiaires entre cet échantillon et les autres, et nous pensons, en outre, que l'apparence tuberculeuse des côtes au pourtour de l'ombilic peut provenir de l'usure de la surface. Quoi qu'il en

[1] *Bull. Soc. géol. France*, sér. 2, XVI, 968.
[2] *Géologie de la Sarthe*, 245.

Mollusques.

soit, nous avons jugé utile de faire figurer ce spécimen, au moins à titre de variété curieuse et extrême.

Tunisie : Djebel Meghila (sommet), zone inférieure ; Djebel Meghila (Foum-el-Guelta) ; Djebel Roumana ; Djebel Oum-Ali. — Étage cénomanien inférieur.

Genre **PLACENTICERAS** Meck [1870].

Placenticeras syrtalis Morton. — *Ammonites syrtalis* Morton *Synopsis org. rem. cret. gr. Unit. St.*, 40, t. 16, fig. 4 [1834]. — *A. polyopsis* Dujardin in *Mém. Soc. géol. France*, sér. 1, II, 233, t. 17, fig. 12 ; Coquand *Géol. et pal. rég. sud prov. Constantine*, 301 [1862] ; Brossard *Essai const. phys. et géol. rég. mérid. subd. Sétif*, 237 [1867].

Deux bons fragments recueillis dans l'étage santonien d'Aïn Settara doivent être rapportés au *Placenticeras syrtalis* Morton. L'un d'eux possède une partie de la loge terminale. Les lignes suturales ne sont visibles que très incomplètement et seulement sur une petite partie de la surface. Les tours sont épais et assez renflés. Les flancs sont ornés de côtes espacées, un peu sinueuses, beaucoup plus accentuées dans un exemplaire que dans l'autre. Ces côtes sont saillantes près de l'ombilic, atténuées sur les flancs, bifurquées peu visiblement et terminées aux approches du dos par un tubercule rond, saillant et aigu. Le dos est large et garni de deux rangées de tubercules aplatis, allongés dans le sens de l'enroulement et disposés en série linéaire.

M. Schlüter a réuni à l'*Ammonites syrtalis* Morton une espèce bien connue en France, dans la craie de Touraine, sous le nom d'*A. polyopsis* Dujardin. Si nous comparons nos spécimens de Tunisie aux exemplaires types de cette dernière espèce, nous remarquons que ceux-ci sont plus déprimés, et qu'ils ont le dos plus étroit et les tours plus larges. Cependant la physionomie générale, le mode d'ornementation et la disposition des tubercules sont bien semblables.

Sous le rapport de l'épaisseur des tours, de la largeur du dos et de la forme plus ouverte de l'ombilic, nos exemplaires sont tout à fait conformes à l'*Ammonites Guadalupæ* Rœmer, espèce de la craie du Texas, que M. Schlüter réunit également à l'*A. syrtalis* Morton. Dans ces conditions, considérant les variations importantes de cette espèce que M. Schlüter a signalées, nous n'hésitons pas à adopter cette détermination pour les deux fragments dont nous nous occupons.

L'*A. syrtalis* habite partout la partie inférieure de l'étage sénonien. En France, comme nous l'avons dit, il existe dans la craie de Touraine et des Charentes. Il a aussi été signalé dans la craie à Hippurites supérieure des environs du Beausset et dans la craie des Corbières sous le nom d'*A. Ribouri*.

En Algérie, Coquand a cité, sans explication, l'*Ammonites polyopsis* dans son catalogue et l'indique comme provenant de l'étage santonien de Refana. Nous avons nous-même recueilli dans le même étage, à Mansourah, à l'ouest de Bordj-bou-Areridj, un fragment qui doit être rapporté à la même espèce. Il est très remarquable que ces mêmes couches du Sénonien inférieur d'Algérie renferment encore l'*Ammonites Texanus*, et d'autres fossiles, compagnons habituels de l'*Ammonites Guadalupæ* (*A. syrtalis*) dans la craie du Texas.

Tunisie : Aïn Settara. — Étage santonien.

Placenticeras Saadensis Thomas et Peron, pl. XVI, fig. 3-7.

Nous désignons provisoirement sous ce nom des fragments assez nombreux et assez bien caractérisés qui ont été recueillis, en Algérie de même qu'en Tunisie, dans les couches inférieures de l'étage cénomanien.

Forme discoïde. Tours larges, enveloppants, déprimés, un peu convexes au milieu et amincis vers le bord externe. Dos tronqué carrément et aplati en son milieu. Lignes suturales très nettes, à contours simples et seulement sinueux. Selles et lobes très nombreux; les selles plus larges que les lobes, rétrécies un peu à la base, pyriformes, garnies régulièrement, tout autour, d'un feston de dents arrondies. Lobes également un peu étranglés à la base, élargis et arrondis au pourtour qui est garni de denticules aigus.

Nous avions, depuis longtemps, rencontré cette forme particulière de cloisons sur des fragments assez médiocres recueillis à Bou-Saada et nous avions, dans notre collection, attribué à ces fragments le nom d'*Ammonites Saadensis*. Les exemplaires également incomplets, recueillis en Tunisie, se rattachent incontestablement au même type. Ils appartiennent d'ailleurs au même horizon et se trouvent en compagnie de nombreux autres fossiles communs aux deux gisements.

La forme du *Placenticeras Saadensis* est semblable à celle de l'*Ammonites Largilliertianus* d'Orbigny, espèce dont nous signalons aussi l'existence en Tunisie, à peu près dans le même gisement. Cependant la confusion entre ces deux Ammonites n'est pas possible, car leurs cloisons sont complètement différentes. Une autre espèce voisine de la nôtre est l'*A. placenta* Dekay, de la craie d'Amérique. Les lignes suturales des cloisons sont presque identiques et la forme générale est assez semblable. Toutefois, dans l'espèce de Dekay, l'ombilic est plus large, le dos est tranchant et on distingue autour de l'ombilic un renflement qui n'existe pas dans la nôtre. L'*A. placenta* habite d'ailleurs un niveau bien plus élevé dans le terrain crétacé.

L'espèce qui présente avec notre *Placenticeras Saadensis* l'analogie la plus complète est le *P. Uhligi* Choffat, du Portugal. Nous avons même eu l'idée de réunir nos exemplaires à cette Ammonite, qui semble caractériser, aux environs de Lisbonne, le Gault supérieur ou le Cénomanien le plus inférieur. Cependant, comme dans le *P. Uhligi* les flancs sont ornés de côtes qui forment un gros tubercule auprès de l'ombilic et se terminent encore sur le côté du dos par un autre tubercule et que cette ornementation, pourtant assez générale dans les Ammonites de cette forme, ne semble pas se reproduire sur nos exemplaires assez nombreux, nous avons jugé qu'il était préférable, au moins pour le moment, de les distinguer

Tunisie: Djebel Meghila, sommet (zone inférieure); Djebel Roumana. — Étage cénomanien inférieur.

Genre **SCHLŒNBACHIA** Neumayr [1875].

Schlœnbachia inflata Sowerby. — *Ammonites inflatus* Sowerby *Miner. Conch.*, 170, t. 178 [1817]; Coquand *Géol. et pal. rég. sud prov. Constantine*, 286 [1862]. — *Ammonites Nicaisei* Coquand, loc. cit., 323, t. 35, fig. 3 et 4; Peron in *Bull. Soc.*

géol. France, sér. 2, XXIII, 692 [1867]. — *A. inflatus* et *A. Nicaisei* Nicaise *Catal. anim. foss. prov. Alger*, 55 [1870]; Brossard *Essai const. phys. et géol. rég. mérid. subd. Sétif*, 221 [1867]; Cotteau, Peron et Gauthier *Descr. Échin. foss. Algérie*, Ét. albien, 55 [1876], et ibidem, Ét. cénom., 16 et 17 [1878]; Peron *Essai descr. géol. Algérie*, 70 et suiv. [1883].

L'*Ammonites inflatus* est représenté dans notre collection des fossiles de Tunisie par de gros fragments, qui proviennent du sommet du Djebel Meghila (zone inférieure). En outre, M. Thomas a rapporté de cette même localité quelques petits individus ou fragments, à l'état ferrugineux, recueillis dans les marnes du Cénomanien inférieur. Ces derniers individus sont de tout point identiques à ces petites Ammonites ferrugineuses du Cénomanien inférieur d'Aumale (Algérie), que Coquand a décrites sous le nom d'*A. Nicaisei* et qui, comme nous l'avons fait connaître[1], ne sont autres que des jeunes *A. inflatus*. Ces petits individus se trouvent, en Tunisie comme à Aumale, comme à Salazac et dans d'autres localités en France, associés à l'*Ammonites dispar* d'Orbigny (*A. Martimpreyi* Coquand?).

Les gros individus dont nous venons de parler sont à l'état calcaire. Ils ne représentent que des fragments de tour, mais néanmoins leur détermination n'est pas douteuse. On y retrouve bien les fortes côtes tuberculeuses et bifurquées qui ornent les flancs, le dos large et fortement caréné et tous les caractères de cette espèce, commune en France dans les couches qui séparent le Gault du Cénomanien proprement dit.

Nos fragments, assez nombreux, reproduisent les diverses variétés connues en France. Les tours sont plus ou moins étroits et renflés. Dans ceux qui sont renflés, les côtes sont moins nombreuses, plus saillantes et parfois simples. En général, d'ailleurs, nos individus sont plus élevés et plus étroits que ceux de la Gaize de l'Argonne et leurs tubercules sont moins striés. Ils se rapprochent surtout de la variété représentée par M. Pictet (*Fossiles de la perte du Rhône*, t. 10, fig. 2).

Aucun de nos exemplaires ne possède la bouche. Il eût été intéressant de constater s'ils possèdent cet appendice bizarre, cette corne recourbée en arrière, que montrent les individus intacts de l'Argonne.

Dans l'Afrique du Nord, indépendamment des environs d'Aumale où, comme nous l'avons dit, l'espèce est représentée par l'ancien *A. Nicaisei* Coquand, l'*A. inflatus* existe encore assez abondamment dans le Djebel Bou-Thaleb, près de la maison des forestiers. Il se trouve là dans une couche que nous avons attribuée à l'étage albien, mais qu'il ne serait pas impossible de réunir au Cénomanien inférieur. M. Brossard a, en outre, signalé l'*A. inflatus* dans une couche des environs de Bou-Saada, et Coquand dans le Djebel Loha et au Djebel Taskroun.

Plus récemment, cette intéressante espèce a été rencontrée[2] dans l'Afrique occidentale, à la baie de Lobita, à une petite distance de Saint-Philippe-de-Benguela. M. Szajnocha l'a rencontrée aussi aux îles Elobey, près de la côte occidentale d'Afrique, avec une autre forme voisine, l'*A. inflatiformis*, que M. Kilian[3] a retrouvée dans

---

[1] Cotteau, Peron et Gauthier, *Descr. Échin. foss. Algérie*, Ét. cénomanien, 16.
[2] Stanislas Meunier in *Bull. Soc. géol. France*, sér. 3, XVI, 61.
[3] *Bull. Soc. géol. France*, sér. 3, XV, 464.

les grès verts d'Ongles. Enfin, M. Choffat l'a reconnue parmi les fossiles de la province d'Angola.

Tunisie : Djebel Semama (sommet); Dj. Meghila (sommet), zone inférieure. — Étage cénomanien inférieur.

Schlœnbachia Tunetana Thomas et Peron, pl. XVII, fig. 6-8.

DIMENSIONS DE L'EXEMPLAIRE FIGURÉ.

Diamètre, 75 millimètres; épaisseur, 25 millimètres; largeur du dernier tour vers l'extrémité, 45 millimètres.

Espèce de taille moyenne, discoïdale, comprimée. Tours embrassants, visibles à l'intérieur de l'ombilic sur un cinquième environ de leur largeur, aplatis sur les flancs. La surface des tours est ornée de 7 à 8 côtes qui commencent à l'ombilic par un tubercule allongé et assez saillant, se bifurquent en s'atténuant sur les flancs et se dirigent en ligne droite vers le pourtour. Entre ces côtes principales naissent souvent des côtes intermédiaires. Toutes se terminent sur le bord du dos par un petit tubercule allongé dans le sens de l'enroulement.

Le dos est mince, étroit, garni au milieu d'une quille saillante, laquelle, dans les parties bien conservées, se montre nettement crénelée et garnie de petits tubercules en nombre double de celui des tubercules dorsaux. Cette quille dépasse d'une façon très notable la ligne des tubercules. Entre ceux-ci et la carène médiane il existe une partie étroite, lisse, un peu évidée.

Les cloisons, médiocrement ramifiées, sont semblables à celles des Ammonites qui constituent le groupe des *Schlœnbachia*. Elles sont notamment très voisines de celles de l'*Ammonites Fleuriausianus* d'Orbigny. Le lobe dorsal est étroit et assez profond. La première selle latérale est beaucoup plus grande, pourvue de digitations assez nombreuses, mais peu profondes, et divisée en deux parties à peu près égales par un petit lobe secondaire. Il en est à peu près de même des autres selles. Les lobes, comme les selles, sont peu nombreux et très inégaux. Le premier lobe latéral seul est un peu profond et entouré de digitations.

Notre *Schlœnbachia Tunetana* fait partie d'un groupe d'espèces bien voisines les unes des autres et dont la distinction n'est pas toujours facile. Dans ce groupe, on peut citer les *Ammonites Haberfellneri* Hauer, *A. paon* Redtenbacher, *A. Alstadenensis* Schlüter, *A. Fleuriausianus* d'Orbigny, *A. dentatocarinatus* Rœmer, *A. Renevieri* Sharpe, *A. Petrocoriensis* Coquand.

En ce qui concerne l'*A. Fleuriausianus* de la craie de Touraine, que M. Schlüter avait réuni à l'*A. Haberfellneri*, il ne semble pas que la confusion soit possible avec l'Ammonite tunisienne. L'*A. Fleuriausianus* est beaucoup plus épais, à tours moins larges et moins plats; le dos est plus large; les tubercules latéraux plus saillants, plus ronds, moins nombreux; enfin la carène est moins continue et plus tuberculeuse.

L'*Ammonites Petrocoriensis* Coquand, qui d'après MM. Schlœnbach et Schlüter serait le même que les *A. Fleuriausianus* et *A. Haberfellneri*, a les tubercules dorsaux plus saillants et ceux de la quille plus gros et en nombre égal à ceux du dos. Il y a ainsi sur le dos trois séries de tubercules dont les médians sont tranchants et allongés. L'*A. Haberfellneri* provient de la craie à Hippurites de Salzbourg. Le type primitif de Hauer a été démembré par M. Redtenbacher en deux espèces, les *A. Haberfellneri* et *A. paon*. Toutes deux ont les côtes plus accentuées et les tubercules costaux plus gros que notre espèce. En outre, l'ombilic y est encore plus étroit.

Dans l'*A. dentatocarinatus* Rœm., de la craie du Texas, les côtes, bien visibles sur toute la surface du tour, se continuent au delà du tubercule dorsal et passent sur le dos, où elles déterminent de nouveaux tubercules allongés dans le sens de la spire, et formant par leur réunion une quille onduleuse, saillante au delà de la rangée des tubercules latéraux. Les tubercules ombilicaux sont plus rares et espacés.

L'*A. Alstadenensis* Schlüter, de l'Emschermergel, ou craie à *Micraster coranguinum* d'Allemagne, semble être le plus voisin du *Schlœnbachia Tunetana*. Cependant, on peut remarquer que la quille dorsale est différente et formée de tubercules espacés, en nombre égal à celui des tubercules latéraux, au lieu d'être finement crénelée, ou même continue. En outre, on distingue sur les flancs de l'*A. Alstadenensis*, au moins dans le plus jeune des exemplaires figurés par M. Schlüter, quelques tubercules secondaires situés entre ceux de l'ombilic et ceux du dos. Ces tubercules semblent disparaître dans l'adulte, mais ils donnent au jeune une physionomie toute particulière.

En raison de l'impossibilité où nous nous trouvons ainsi d'identifier sûrement nos exemplaires tunisiens avec aucune des espèces connues, nous avons dû leur attribuer un nom nouveau. Nous devons déclarer toutefois que ce n'est pas sans hésitation. Il nous semble que si toutes ces espèces que nous avons citées étaient mieux connues et représentées par des séries d'individus, on trouverait entre elles des intermédiaires qui permettraient d'en réduire le nombre et d'y faire entrer nos spécimens.

Tunisie : Sidi-bou-Ghanem; Djebel Bou-Driès; Dj. Aïdoudi (versant sud); Bir Tamarouzit; Kef El-Hammam; Guelaat-es-Snam. — Assez commun. — Étage santonien.

Schlœnbachia aff. **Tunetana** Thomas et Peron.

Fragment de tour insuffisant pour une bonne détermination. Le tour est étroit, épais et renflé vers l'ombilic, très déclive de ce point jusqu'au dos qui demeure néanmoins assez large. Les flancs sont garnis, autour de l'ombilic, de tubercules arrondis, saillants, desquels partent deux côtes atténuées au milieu des flancs et se terminant sur le côté du dos par un tubercule moins accentué que celui de l'ombilic.

Le milieu du dos est occupé par une carène, mais, en l'état assez fruste de notre exemplaire, nous ne voyons pas si cette carène est continue ou formée par une série de tubercules.

Les cloisons sont peu persillées. On y distingue trois selles denticulées, séparées par des lobes peu profonds, assez larges et également denticulés. Les premières selles latérales englobent et entourent les tubercules dorsaux; le lobe dorsal est large, denticulé et muni au milieu d'une petite selle secondaire qui correspond à la carène.

Ce fragment montre tous les caractères principaux du *Schlœnbachia Tunetana*. Très probablement il appartient à la même espèce. Nous avons dû cependant le mentionner séparément, en raison de la forme du tour qui est sensiblement moins large, moins déprimé, plus renflé vers le bord ombilical et plus déclive vers le dos. En cet état, ce fragment est assurément fort voisin des variétés renflées de l'*Ammonites Fleuriausianus* d'Orbigny. Nous possédons de cette dernière espèce un spécimen de Bourré, dont les tours sont semblables au nôtre.

Tunisie : Djebel Dagla près Feriana, dans le premier horizon fossilifère. — Étage santonien inférieur.

HAPLOCERATIDÆ.

Genre **PACHYDISCUS** Zittel [1887].

Pachydiscus Pailletteanus d'Orbigny *Pal. franç.*, Terr. crét., Céphal., 339, t. 102, fig. 3 et 4.

Exemplaire unique, dont le diamètre est de 135 millimètres.

Espèce un peu déprimée, à dos arrondi, à tours convexes, dont la section forme une ellipse régulière, à grand axe assez court. Ombilic assez large et ouvert, laissant voir les tours intérieurs sur environ le tiers de leur largeur. Surface ornée par tour de 32 côtes simples, saillantes, assez étroites, non tuberculeuses, arquées en avant et passant sans s'interrompre sur le dos, où elles forment une sinuosité assez profonde dont la convexité est tournée en avant. Ces côtes sont un peu inégales, une côte plus forte se montrant de deux en deux, ou parfois de trois en trois. Les côtes les plus fortes vont jusqu'au bord de l'ombilic, où elles se terminent sans former de tubercule sensible. Les côtes intermédiaires s'arrêtent généralement avant l'ombilic; elles ne rejoignent pas les grosses côtes et ne semblent pas, au moins en apparence, être le résultat d'une bifurcation.

La surface du tour est arrondie et lisse vers le bord ombilical.

Les cloisons sont peu visibles dans notre spécimen. On voit cependant très nettement qu'elles sont assez ramifiées et voisines de celles de toutes les Ammonites du genre *Pachydiscus*.

Cette Ammonite, comparée à l'*Ammonites Pailletteanus* d'Orbigny, de la craie des Corbières, ne nous paraît présenter que des différences insuffisantes pour la distinguer. Ces différences, d'ailleurs, semblent dues soit à l'état un peu fruste de notre individu, soit à son âge, car il est notablement plus grand que tous ceux que nous connaissons des Corbières. Ainsi, nous ne voyons dans cet exemplaire aucun tubercule à la naissance des côtes, mais seulement une certaine inégalité, tandis que dans les jeunes *A. Pailletteanus* il en existe parfois d'assez prononcés. En outre, les côtes sont plus espacées; nous en avons signalé seulement 32 sur notre individu, tandis que nous en comptons jusqu'à 40 dans un *A. Pailletteanus* plus petit. Cependant, dans un autre individu des Corbières, plus grand, mais partiellement engagé dans la roche, il est facile de voir que les côtes sont bien plus espacées et que leur nombre total ne devait pas être plus considérable que dans celui de Tunisie. Nous croyons donc fermement à l'identité spécifique de notre Ammonite avec l'*A. Pailletteanus.*

Il existe en outre, dans le Crétacé supérieur de diverses contrées, bien des Ammonites dont la nôtre peut être rapprochée. On peut d'abord remarquer qu'elle est assez voisine des *Ammonites Arrialoorensis* et *Ideconnensis* Stoliczka, de la craie de l'Inde; mais cependant ces Ammonites sont visiblement plus renflées, plus tuberculeuses et à cloisons plus ramifiées. L'*A. Denisionianus* du même auteur a encore un aspect bien semblable, seulement ses tours sont moins larges, plus arrondis et à côtes plus espacées[1].

Parmi les diverses Ammonites du même groupe, deux appellent plus particulièrement notre attention; ce sont les *A. peramplus* d'Orbigny et *A. flaccidicosta* Rœmer.

M. Schlüter[2], qui a eu en mains les types de l'*A. flaccidicosta* de la craie du Texas, est porté à croire que cette espèce n'est autre que l'*A. peramplus* d'Orbigny; cependant, en raison de la mauvaise conservation des individus, le savant allemand fait quelques réserves à ce sujet. Pour nous, qui ne pouvons juger que d'après la description et la figure données par Rœmer, nous sommes obligé de maintenir absolument la distinction des deux espèces. En tout cas, quelle que soit la solution à donner à cette question, nous ne pouvons songer à réunir notre exemplaire de Tunisie à l'*A. peramplus* d'Orbigny, tel que nous le connaissons dans la craie de Touraine ou d'autres localités françaises. Au contraire, l'*A. flaccidicosta* de Rœmer nous paraît avoir une parenté des plus étroites aussi bien avec notre exemplaire de Tunisie qu'avec l'*A. Pailletteanus* type des Corbières. La forme des tours et de l'ombilic, la disposition des côtes, leur rapprochement, leur inégalité, leur inflexion en avant sont bien semblables. Si l'on s'en tenait aux types des deux espèces qui ont été figurés, on pourrait trouver que dans celle de d'Orbigny il n'y a pas de tubercules ombilicaux, tandis qu'il semble en exister dans le type de Rœmer. Ce serait une erreur, car dans un spécimen de l'*A. Pailletteanus* que nous possédons, on distingue, à la naissance des côtes, des tubercules peu accentués, semblables à ceux que signale M. Rœmer pour son espèce.

[1] *Cret. Fauna South India*, Cephal., t. 15, fig. 2.
[2] *Cephal. der deutsch. Kreide*, 33 et 34.

En résumé, nous pensons que l'*Ammonites flaccidicosta* Rœmer, de la craie du Texas, peut être réuni à l'*A. Pailletteanus* d'Orbigny. Nous sommes d'autant plus disposé à admettre cette réunion que la craie du Texas est, sous le rapport du facies paléontologique, assez semblable à la craie d'Afrique et à celle des Corbières et que beaucoup d'autres fossiles sont communs aux deux gisements, comme les *Ammonites Texanus*, *A. syrtalis*, etc.

Tunisie : Bir Oum-el-Djaf. — Étage campanien.

Pachydiscus aff. **peramplus** Mantell; Nob. pl. XVIII, fig. 3 et 4.

Exemplaire fruste, un peu déformé et incomplet. Il est de taille médiocre (60 millimètres de diamètre), déprimé et discoïde. La section du tour forme une ellipse allongée. L'ombilic est assez ouvert. Les tours sont garnis de côtes assez nombreuses, qui forment autour de l'ombilic des tubercules peu saillants, se bifurquent ou se trifurquent sur les flancs, s'infléchissent en avant, passent sur le dos en s'élargissant un peu et forment une sinuosité peu prononcée dont la convexité est tournée vers la bouche. Le dos est arrondi, sans trace de carène ni de tubercules. Les cloisons, dont on ne voit que quelques traces, sont peu digitées.

Cette Ammonite peut être comparée à plusieurs espèces connues dans le terrain crétacé, notamment aux *Ammonites Dutempleanus*, *A. Neubergicus*, *A. Pailletteanus*, etc. En ce qui concerne ce dernier, dont nous avons constaté l'existence en Tunisie, la différence entre notre fossile et lui consiste surtout en ce que ses côtes sont inégales, simples, plus étroites sur le dos et moins tuberculeuses à l'ombilic.

L'*A. Dutempleanus* du Gault est plus renflé; ses côtes sont plus grosses, moins nombreuses et plus nettement bifurquées.

En tenant compte du niveau stratigraphique auquel a été trouvé notre exemplaire, c'est de l'*A. peramplus* jeune qu'il convient surtout de le rapprocher. On ne saurait du reste, dans l'état où il est, aller au delà d'un simple rapprochement. Ses côtes sont plus nombreuses, plus continues sur les flancs, plus égales que dans le type de d'Orbigny. L'identité est au moins douteuse. En raison de l'état de notre unique exemplaire, nous ne pouvons en faire le type d'une espèce nouvelle, mais il nous a paru néanmoins utile de le faire figurer.

Tunisie : Aïn Settara (Khanget-es-Slougui). — Étage turonien.

Pachydiscus Rollandi Thomas et Peron, pl. XVII, fig. 1-3.

DIMENSIONS DU PLUS GRAND INDIVIDU.

Diamètre, 120 millimètres; épaisseur au milieu, 60 millimètres. — La dernière chambre, intacte dans cet individu, occupe les 11/12 du dernier tour.

Espèce d'assez grande taille, renflée, globuleuse, arrondie au pourtour. Tours très embrassants. Dos rond, épais. Ombilic étroit et peu profond. Aux approches de l'extrémité, le tour est déprimé et aminci de telle sorte que l'ouverture de la coquille est rétrécie et subtriangulaire, comme on le voit dans certaines Ammonites jurassiques du groupe de l'*Ammonites bullatus*, ou, mieux encore, dans cette Ammonite de la craie de l'Inde que M. Stoliczka a décrite et figurée sous le nom d'*Ammonites Telinga* [1], et dans celle de la craie tuffeau de Maine-et-Loire que M. Courtillier [2] a appelée *A. cephalotus*. La surface du dernier tour est, dans deux de nos exemplaires, garnie sur le pourtour de côtes larges, peu saillantes, obtuses, simples, peu visibles sur les flancs et autour de l'ombilic, mais s'accentuant aux approches du dos, qu'elles traversent sans inflexion bien sensible.

Les cloisons ne sont pas faciles à suivre dans tout leur développement.

La ligne de suture comprend quatre selles assez larges, garnies de digitations peu profondes. Les lobes sont courts, digités, mais sans ramifications. Ces cloisons, relativement simples, se rapprochent assez de celles des *Ammonites Rhotomagensis*, *Fleuriausianus* et même de celles de l'*A. Tunetanus*; elles diffèrent, au contraire, assez sensiblement de celles des *A. Neubergicus*, *A. peramplus*, *A. Wittekindi* et autres du groupe des *Pachydiscus*. Néanmoins, en raison de sa forme globuleuse, à tours arrondis et costulés, notre espèce nous paraît devoir prendre place dans ce dernier genre à côté des *A. Stobæi*, *A. Wittekindi*, etc., avec lesquels elle a de grandes analogies.

Les côtes dorsales ne paraissent pas être très constantes et également prononcées. Sur deux de nos exemplaires qui, cependant, appartiennent certainement à la même espèce et sont du même gisement, c'est à peine si on en voit quelques traces.

Il existe, parmi les Ammonites du terrain crétacé, un assez grand nombre d'espèces avec lesquelles le *Pachydiscus Rollandi* a des rapports. Celles qui s'en rapprochent le plus pour la forme générale sont les *Ammonites Stobæi*, *A. Wittekindi* (= *A. robustus*), *A. Dulmenensis*, *A. epiplectus*, etc. Toutes cependant montrent un ombilic plus découvert et d'autres différences assez importantes dans la forme et la saillie des côtes, ainsi que dans les découpures des lignes suturales. L'*A. colligatus* Binkhorst a aussi une spire moins embrassante, des côtes plus nombreuses et plus onduleuses. L'*A. rubra* Stoliczka, de la craie de l'Inde, est un des plus voisins de notre espèce. Toutefois sa forme est plus globuleuse, les tours bien plus hauts et épais, l'ombilic plus ouvert et plus profond.

Nous signalerons encore, comme fort voisine du *Pachydiscus Rollandi*, cette Ammonite de la craie tuffeau de Maine-et-Loire que nous avons citée plus haut, l'*Ammonites cephalotus* Courtillier. La forme générale est bien semblable, mais cependant plus déprimée, et la bouche, qui est également conservée dans le type de M. Courtillier, est identique. Il existe cependant une différence importante dans la structure des cloisons. Dans l'espèce de Maine-et-Loire, la ligne suturale est plus

---

[1] *Cret. Fauna South India*, Cephal., t. 62.
[2] *Ann. Soc. linn. Maine-et-Loire*, IX, t. 1, fig. 1.

compliquée et ramifiée. Il est à remarquer que le jeune *A. cephalotus*, tel que le représente M. Courtillier, a une grande analogie avec une espèce qui accompagne le *Pachydiscus Rollandi*, et que nous supposions aussi être le jeune de ce dernier. Nous parlerons plus loin de cette autre espèce qui est décrite sous le nom de *P. Africanus*.

Il est plus que probable que les Ammonites globuleuses que M. G. Rolland a rencontrées au plateau d'El-Goleah, dans le Sahara algérien, et dont il a fait photographier un spécimen[1], appartiennent à la même espèce que nos exemplaires tunisiens. Le spécimen en question, en effet, quoique insuffisant pour une détermination rigoureuse, montre bien la forme générale, l'ombilic étroit et surtout les lignes suturales de notre espèce.

Nous croyons enfin pouvoir rapporter encore au *P. Rollandi* certains exemplaires d'une Ammonite renflée, à dos rond et à ombilic étroit, que M. Le Mesle a recueillis aux environs de Laghouat. Cette Ammonite, qui paraît assez abondante dans les calcaires supérieurs du Djebel Milogh, où elle se trouve en compagnie de plusieurs autres espèces, est malheureusement toujours fruste. La forme générale seule peut être comparée. Aucune trace d'ornementation ne subsiste et les lignes cloisonnales sont invisibles. Les deux gisements algériens dont nous venons de parler semblent, du reste, concorder au point de vue stratigraphique avec le niveau qu'habite le *P. Rollandi* dans le Sud tunisien.

Une autre espèce, dont nous allons nous occuper ci-après, semble en outre être également commune à ces divers gisements.

Le *P. Rollandi* est dédié à M. G. Rolland, ingénieur des mines, membre de la Mission transsaharienne et de la Mission de l'exploration scientifique de la Tunisie, qui le premier a recueilli l'espèce.

Tunisie : Djebel Meghila (sommet), assez abondant dans les calcaires supérieurs ; Aïn Settara (un individu plus déprimé, mais cependant bien semblable aux autres). — Étage turonien.

Pachydiscus Durandi Thomas et Peron, pl. XVIII, fig. 5-8.

DIMENSIONS DU PLUS GRAND INDIVIDU.

Diamètre, 160 millimètres ; épaisseur, 80 millimètres. — L'exemplaire est un peu déformé.

Coquille renflée, arrondie, subglobuleuse. Tours assez embrassants, laissant cependant voir un peu les tours intérieurs. Ombilic profond et assez largement ouvert ; bord ombilical du dernier tour subcaréné, au moins dans le jeune âge, coupé perpendiculairement sur l'ombilic. Dos large, épais et arrondi. Surface des tours un peu usée dans nos exemplaires, laissant voir cependant sur l'un d'eux, que nous faisons représenter, des restes de côtes dont la conservation est due à leur transformation en limonite ferrugineuse ; ces côtes sont nombreuses, fines, sinueuses et infléchies sur le

---

[1] *Album paléontologique de la Mission transsaharienne*, t. 5, fig. 1. — Voir aussi *Bull. Soc. géol. France*, ser. 3, IX, 527.

dos, qu'elles traversent en formant une courbe dont la convexité est tournée en avant. Lignes suturales des cloisons simples, à selles peu nombreuses, ne formant pas de ramifications, mais assez fortement digitées ainsi que les lobes. Ces lignes rappellent beaucoup celles du *Pachydiscus Rollandi* et, plus généralement, celles des autres *Pachydiscus* connus. Elles ont aussi une certaine analogie avec celles du *Buchiceras Morreni*, telles du moins que Coquand les a représentées.

L'espèce semble présenter des variations assez amples sous le rapport de la forme; aussi nous avons cru utile de faire figurer un deuxième spécimen, plus jeune que le premier, dont les tours sont plus hauts et plus renflés.

Notre *Pachydiscus Durandi* se distingue du *P. Rollandi* par ses tours moins embrassants, son ombilic plus ouvert et plus profond, ses côtes fines, nombreuses et sinueuses. Par quelques caractères il se rapproche de l'*Ammonites epiplectus* Redtenbacher, mais ses tours sont plus élevés, les côtes de la surface moins saillantes et les cloisons moins persillées.

Relativement à l'*Ammonites peramplus* d'Orbigny, notre *Pachydiscus Durandi* est plus globuleux; ses tours sont plus étroits et coupés plus carrément sur l'ombilic; on n'y distingue jamais les fortes côtes qui, dans le premier, rayonnent autour de l'ombilic.

Des différences non moins considérables séparent notre espèce des autres types voisins, comme le *Pachydiscus Wittekindi*, l'*Ammonites Dulmenensis*, etc.

Le *Pachydiscus Durandi*, tel que M. Thomas l'a rencontré en Tunisie, nous paraît exister dans les calcaires turoniens des environs de Laghouat. MM. Le Mesle et Durand ont rapporté du Djebel Milogh un grand nombre de spécimens, malheureusement très frustes, qui présentent exactement la forme de notre espèce.

Nous pensons encore qu'on peut voir notre *P. Durandi* dans la deuxième Ammonite que M. Rolland a fait photographier dans la planche 5, fig. 2 de son *Album de la Mission transsaharienne* [1], sous l'indication «Espèce à bord déroulé», donnée par comparaison avec l'espèce de la figure 1, qui est plus embrassante. Il résulterait de là que les deux *Pachydiscus* des calcaires turoniens de la Tunisie se retrouveraient dans ceux de même âge qui forment le plateau saharien d'El-Goleah.

Nous dédions cette espèce à M. le colonel Durand, ancien commandant supérieur à Géryville et chef du bureau arabe à Laghouat, qui le premier l'a recueillie au Djebel Milogh.

Tunisie : Aïn Settara (Khanget-es-Slougui). — Étage turonien.

Pachydiscus Africanus Thomas et Peron, pl. XVII, fig. 9 et 10.

Exemplaire unique, de 5o millimètres de diamètre, un peu fruste.

Espèce discoïde, déprimée, à dos arrondi, à tours très embrassants, à

---

[1] Voir aussi *Bull. Soc. géol. France*, sér. 3, IX, 527.

ombilic presque complètement fermé. Le pourtour de l'ombilic est lisse, au moins en apparence, sur notre exemplaire; mais sur les flancs se développent des côtes au nombre de 25 par tour. Ces côtes sont assez prononcées, simples, très également espacées; aux approches du dos elles s'infléchissent fortement en avant, passent sur le dos sans s'interrompre et y dessinent une sinuosité marquée, dont la convexité est tournée vers l'ouverture.

Le caractère le plus saillant de cette Ammonite, c'est que, dans les quelques portions des lignes suturales qui restent visibles, les selles semblent arrondies et sans digitations, comme dans les *Buchiceras*. Cette forme des cloisons constitue une véritable anomalie, eu égard à la forme générale de la coquille qui est celle des *Pachydiscus*.

Sans cette singularité on aurait pu admettre que cet individu, malgré sa forme déprimée, n'est qu'un jeune du *Pachydiscus Rollandi*. Mais les cloisons nous paraissent trop différentes pour que cette hypothèse soit admissible. En conséquence, nous préférons inscrire ce fossile sous un nom nouveau, au moins provisoirement, sauf à le retirer des catalogues, ou à modifier sa diagnose, quand nous serons en possession de matériaux plus abondants.

Notre *P. Africanus* montre une grande analogie de forme et d'ornementation avec le jeune exemplaire d'*Ammonites Xetra*, représenté par M. Stoliczka, t. 16, fig. 2 [1]. Toutefois, dans ce Céphalopode de la craie de l'Inde, les côtes sont moins sinueuses et plus saillantes sur les flancs, l'ombilic est plus ouvert et enfin les cloisons sont différentes. Il est à remarquer que cet *A. Xetra*, en devenant adulte, prend une certaine ressemblance avec notre *Pachydiscus Rollandi*.

Un fait analogue, dont nous avons déjà parlé à propos de ce dernier, est encore à signaler ici. Nous comparions, en effet, ce *Pachydiscus* avec l'*Ammonites cephalotus* Courtillier, de la craie tuffeau de Maine-et-Loire, et nous faisions remarquer qu'avec ce dernier on trouve une petite Ammonite que M. Courtillier considère comme le jeune de l'*Ammonites cephalotus*, et qui ressemble singulièrement à notre *Pachydiscus Africanus*. Or le *P. Africanus* ayant été trouvé dans le même gisement que le *P. Rollandi*, il y a là une coïncidence remarquable, qui semblerait confirmer les vues de M. Courtillier plutôt que les nôtres.

Néanmoins, pour les motifs indiqués ci-dessus, nous préférons, jusqu'à plus ample informé, le distinguer comme espèce.

Tunisie : Djebel Megbila (sommet), zone supérieure. — Étage turonien.

STEPHANOCERATIDÆ.

Genre ACANTHOCERAS Neumayr [1875].

Acanthoceras Rhotomagense Brongn. — *Ammonites Rhotomagensis* Brongn. *Environs de Paris*, 83, t. 4, fig. 2 [1822]; Coquand *Géol. et pal. rég. sud prov. Constantine*,

---

[1] *Cret. Fauna South India*, Cephal.

287 [1862]; Brossard *Essai const. phys. et géol. rég. mérid. subd. Sétif*, 227 [1867];
Peron *Géol. Aumale* in *Bull. Soc. géol. France*, sér. 2, XXIII, 694 [1867]; Hardouin
Subd. Constantine in *Bull. Soc. géol. France*, sér. 2, XXIV, 340 [1868]; Nicaise *Catal.
anim. foss. prov. Alger*, 54 [1870]; Peron *Essai descr. géol. Algérie*, 83 et suiv. [1883];
Ficheur in *Bull. Soc. géol. France*, sér. 3, XVII, 247 [1889].

De tous les Céphalopodes que nous connaissons dans le Crétacé du Nord africain,
l'*Ammonites Rhotomagensis* est le plus répandu. Aussi a-t-il été signalé par tous les
auteurs qui se sont occupés de la géologie de cette contrée. En Algérie, il est
abondant dans l'étage cénomanien d'Aumale où on le rencontre à plusieurs niveaux,
au Djebel Guessa près Boghar, au Djebel Bou-Thaleb, à Batna, à Bou-Saada, à
Tenoukla, etc.

En Tunisie, cette espèce paraît être également assez commune. Tous les exemplaires recueillis sont bien conformes au type si connu de notre craie glauconieuse.
Quelques-uns sont d'une belle conservation.

Tunisie : Djebel Meghila (sommet), zone inférieure; Djebel Meghila (Foum-el-
Guelta); El-Aïeïcha; Djebel Semama. — Étage cénomanien.

Acanthoceras cf. **Woolgari** Mantell. — *Ammonites Woolgari* Mantell *Geol. Sussex*,
197, t. 21, fig. 16, et t. 22, fig. 7 [1822]; Peron *Géol. Aumale* in *Bull. Soc. géol.
France*, XXIII, 702 [1867].

Court fragment d'une Ammonite recueilli dans les calcaires d'Aïn
Settara. Le tour est élevé et arrondi. Il est orné de côtes droites, simples,
très espacées, occupant le milieu du flanc et terminées, aussi bien du
côté du dos que vers l'ombilic, par des tubercules un peu comprimés
dans le sens de la largeur du tour. Au delà de ces côtes, de chaque côté
du dos, se trouvent des tubercules un peu allongés dans le sens de
l'enroulement. Il existait sans doute encore, au milieu du dos, une autre
rangée de tubercules semblables, mais elle n'est pas visible dans notre
unique exemplaire.

Le fragment qui nous occupe est également assez voisin de l'*Ammonites nodosoides* Schlotheim, mais le dos n'est pas excavé comme dans ce dernier; les tours
sont moins carrés et les tubercules moins élevés.

Un autre fragment, que nous mentionnons plus loin, semble au contraire se
rapporter assez exactement à cette espèce de Schlotheim.

Tunisie : Aïn Settara. — Étage turonien.

Acanthoceras cf. **nodosoides** Schlotheim.

Nous désignons provisoirement sous ce nom un gros mais court fragment de tour d'Ammonite recueilli au Djebel Meghila, dans la zone inférieure. Ce fragment, par l'étroitesse et l'épaisseur du tour, par son dos
large, par les côtes simples, droites et espacées qui ornent les flancs,
par les tubercules énormes qui terminent ces côtes vers le dos, et enfin

par les lignes suturales très découpées de ses cloisons, se rapproche beaucoup de l'*Ammonites nodosoides* Schlotheim (*A. Vielbanci* d'Orbigny).

Nous avons nous-même recueilli, aux environs de Bordj-bou-Areridj, dans la province de Constantine, un fragment d'Ammonite bien semblable à celui du Djebel Meghila. Cependant, l'habitat stratigraphique est sensiblement différent et il y a d'autant plus lieu à des réserves que, sur des matériaux aussi imparfaits, on ne saurait préciser les caractères réels d'une espèce.

Tunisie : Djebel Meghila. — Étage cénomanien.

Genre **HOPLITES** Neumayr [1875].

Hoplites Largilliertianus d'Orbigny. — *Ammonites Largilliertianus* d'Orbigny *Pal. franç.*, Terr. crét., Céphal., 320, t. 95 [1842].

Ce n'est pas sans quelques réserves que nous rapportons à l'espèce si connue de l'étage cénomanien de France deux gros fragments qui ont été recueillis en Tunisie dans le même horizon.

Dans le plus grand de ces échantillons, le tour n'a pas moins de 160 millimètres de largeur; c'est une taille un peu exceptionnelle pour l'espèce. Les tours sont très embrassants et l'ombilic fort étroit. La surface est lisse, sans traces visibles ni de côtes ni de tubercules, un peu déprimée au pourtour de l'ombilic et renflée vers le milieu du tour. Le dos est aminci et très étroit; il n'est pas caréné, mais il n'est pas non plus tronqué carrément comme dans le type de l'espèce; il est plutôt arrondi. Cette forme arrondie du dos semble d'ailleurs résulter de l'âge de l'individu, car il semble en être de même dans toutes les Ammonites âgées de ce groupe.

Les lignes suturales des cloisons sont très ramifiées, découpées en feuilles de persil et semblent se confondre souvent les unes avec les autres. La forme, le nombre et la disposition relative des selles et des lobes sont bien semblables à ceux de l'*Ammonites Largilliertianus*.

Les gros fragments dont nous nous occupons ont une forme très analogue à celle de l'Ammonite que nous avons décrite plus haut sous le nom de *Placenticeras Saadensis*, et qui se trouve dans la même localité. Les cloisons, toutefois, sont si différentes qu'on ne peut songer à réunir ces deux formes.

Tunisie : Djebel Meghila (Foum-el-Guelta). — Étage cénomanien.

Hoplites Cherhensis Thomas et Peron, pl. XVII, fig. 4 et 5.

DIMENSIONS.

Diamètre, 70 millimètres; épaisseur, 20 millimètres. — Exemplaire unique et de conservation médiocre.

Forme discoïde, déprimée. Tours légèrement convexes sur les flancs, assez élevés sur l'ombilic où ils sont coupés perpendiculairement au plan de la spire. Dos épais, plat ou légèrement convexe dans la partie centrale, nettement limité de chaque côté par une rangée de petits tubercules latéraux. Aucune trace ni de carène ni de tubercules médians. Flancs garnis de 25 côtes environ, qui partent d'un petit tubercule situé au bord de l'ombilic et s'infléchissent en avant. Entre ces côtes principales naissent, vers le milieu des flancs, des côtes secondaires qui, comme les premières, se terminent sur le bord du dos par un petit tubercule transverse. Toutes ces côtes sont petites et assez serrées. Il résulte de traces qui subsistent par places, que les côtes étaient en outre garnies, au moins dans leur moitié externe, de quelques autres tubercules secondaires, analogues à ceux qui ornent les côtes dans les *Ammonites Texanus*, *A. serrato-marginatus* et autres espèces voisines.

Cloisons à peu près invisibles. Quelques restes seulement permettent de voir qu'elles sont relativement simples et que les lobes sont nettement digités.

Nous ne connaissons, dans la craie supérieure, aucune espèce d'Ammonite avec laquelle celle qui nous occupe puisse être confondue ; aussi, malgré l'état assez fruste de notre unique spécimen, nous nous sommes décidé à en faire une espèce nouvelle. La découverte d'exemplaires meilleurs permettra plus tard de compléter la diagnose.

Parmi les Ammonites qui ont des rapports avec la nôtre, on peut citer l'*Ammonites Noricus* du Crétacé inférieur, qui toutefois a un ombilic bien plus ouvert, des côtes nettement bifurquées et non tuberculeuses, etc.

Tunisie : Bir Magueur (Djebel Cherb occidental). — Étage danien.

Genre **STOLICZKAIA** Neumayr [1875].

Stoliczkaia dispar d'Orbigny. — *Ammonites dispar* d'Orbigny *Pal. franç.*, Terr. crét. Céphal., 142, t. 45, fig. 1 et 2 [1841]. — *A. catillus* d'Orbigny *Prodr.*, II, 146 [1847]. — *A. Martimpreyi* Coquand *Géol. et pal. rég. sud prov. Constantine*, 172, t. 1, fig. 7 et 8 [1862]; Peron in *Bull. Soc. géol. France*, sér. 2, XXIII, 695 [1867]. — *A. Gardonicus* Hébert et Munier-Chalmas *Bassin d'Uchaux*, 213, t. 1, fig. 1 [1875]. — *A. dispar* Cotteau, Peron et Gauthier *Descr. Échin. foss. Algérie*, Ét. cénom., 17 [1878]. — *A. Martimpreyi* Nicaise *Catal. anim. foss. prov. Alger*, 55 [1870]; Peron *Essai descr. géol. Algérie*, 83 et suiv. [1883].

En 1878, dans notre *Description des Échinides fossiles de l'Algérie*[1], nous avons indiqué les rapports qui nous paraissent exister entre certaines Ammonites du Cénomanien inférieur de l'Algérie et l'*Ammonites dispar* d'Orbigny. Il est nécessaire de revenir ici sur cette question.

L'*A. dispar* a été créé par d'Orbigny sur un exemplaire unique qui lui avait été communiqué par Renaux d'Avignon et qui provenait de Bédouin, au sud du mont

---

[1] Étage cénomanien, 17.

Ventoux. Il l'attribuait à l'étage néocomien, mais c'était par erreur, car le gisement appartient au Cénomanien, comme l'a depuis démontré M. Leenhardt [1].

Plus tard, dans son *Prodrome de paléontologie*, d'Orbigny a abandonné son *A. dispar* et il l'a donné comme synonyme de l'*A. catillus* de Sowerby. Le savant paléontologue n'a pas indiqué les motifs de cette opinion; c'est regrettable, car elle semble bien étonnante à quiconque compare ces deux Ammonites. L'*Ammonites catillus* Sowerby provient de l'Upper Green Sand (Malmrock) du Sussex. Il est représenté par une mauvaise figure, mais on voit qu'il a des côtes larges, simples, et un ombilic bien plus ouvert que l'*A. dispar*. Ce sont, en réalité, des types bien différents. D'Orbigny lui-même, suivant le témoignage de Pictet, l'a reconnu et a renoncé à les assimiler.

Quoique l'espèce ait été décrite d'après un spécimen unique, l'*Ammonites dispar* est commun dans certaines localités. A Salazac (Gard), notamment, il est abondant dans ces couches du Cénomanien inférieur auxquelles les géologues suisses donnent le nom d'étage vraconnien. C'est cette même Ammonite que M. Munier-Chalmas [2] a décrite sous le nom d'*Ammonites Gardonicus*. L'identité de cette Ammonite de Salazac, dont des exemplaires avaient été fournis à Pictet par M. Le Mesle, a été reconnue complète avec l'*Ammonites dispar* de Bedouin par le savant paléontologue suisse, et d'Orbigny lui-même a partagé son opinion. Pictet a donc repris l'*A. dispar* de d'Orbigny et l'a figuré dans ses fossiles de Sainte-Croix [3]. Depuis cette époque, M. Bayle, dans son *Atlas paléontologique* [4], a représenté un autre bel exemplaire de l'*A. dispar* qui provient de la Gaize de Montblainville (Meuse). Ce nouveau gisement concorde bien encore, comme on le sait, sous le rapport de l'âge, avec ceux de la Vraconnaz, du Ventoux, de Salazac, etc., et le spécimen est en tout conforme aux grands individus de cette dernière localité.

Donc maintenant l'*A. dispar* est une espèce dont l'identité est bien établie et qui est bien connue dans ses caractères et dans son horizon.

Cette question préjudicielle étant résolue, si nous revenons à nos fossiles de l'Afrique du Nord, nous rencontrons dans les assises du Cénomanien inférieur d'Aumale, de Berouaguia, etc., une espèce qui, bien que distinguée par Coquand sous le nom d'*Ammonites Martimpreyi*, nous a paru avoir des rapports très intimes avec l'*A. dispar*. Nous avons donc, ailleurs [5], émis cette opinion que, malgré la différence apparente des figures types, ces deux espèces nous semblaient pouvoir être identifiées.

Coquand, dans ses *Études supplémentaires* [6], a combattu cette manière de voir et a indiqué les caractères qui, selon lui, séparent son espèce de l'*A. dispar*. Malgré la grande autorité du savant professeur, nous n'avons pas été convaincu. Il est certain qu'à l'état jeune, dans lequel l'*A. Martimpreyi* se rencontre toujours à

---

[1] *Étude géol. région du mont Ventoux*, 117.
[2] *Bassin d'Uchaux*, 113, t. 18, fig. 1 et 2.
[3] Page 38, t. 21, fig. 5.
[4] T. 46, fig. 2.
[5] *Descr. Échin. foss. Algérie*, Cénom., 17.
[6] Page 36.

Mollusques.

Aumale, il présente des différences sensibles avec les types adultes de l'*A. dispar*; mais ces différences s'atténuent singulièrement et disparaissent même complètement quand on observe, comme nous avons pu le faire, des individus adultes et à l'état calcaire. Suivant Coquand, la différence capitale consiste en ce que, dans l'*A. Martimpreyi*, le dos est caréné et orné de chaque côté d'un tubercule, tandis que dans l'*A. Gardonicus* (*A. dispar*) le dos est constamment arrondi et traversé par les côtes. Or il est facile de voir, à l'examen de notre nombreuse série d'*A. Martimpreyi*, que la carène dorsale est presque exceptionnelle et en tous cas fort peu accentuée, que les rangées de tubercules dorsaux s'atténuent beaucoup avec l'âge et que dès lors les côtes traversent le dos en y restant très visibles.

D'autre part, parmi nos exemplaires d'*A. dispar* de Salazac, nous possédons des jeunes où les rangées de tubercules dorsaux sont très visibles. S'il n'existe pas, au milieu, de carène proprement dite, on distingue cependant une rangée médiane de tubercules qui forme saillie sur le dos, ainsi que l'ont d'ailleurs bien montré MM. Hébert et Munier-Chalmas. L'ombilic même se montre assez variable dans ses dimensions et, dans les jeunes, il est aussi large que dans l'*A. Martimpreyi*. La seule différence que nous reconnaissons être vraiment constante, c'est que dans l'*A. dispar*, même à l'état jeune, les côtes sont visibles sur le dos.

Quoi qu'il en soit de l'identité de l'*A. Martimpreyi* et de l'*A. dispar*, c'est à ce dernier que nous devons rapporter d'assez nombreux fragments que nous avons recueillis dans les assises cénomaniennes de Batna et d'autres que M. Thomas a rencontrés au Djebel Meghila. Dans ceux-ci, qui sont d'une assez grande taille, les caractères sont absolument ceux de l'*A. dispar* type. Les côtes bifurquées s'atténuent sur les flancs et s'accentuent au contraire sur le dos, en même temps que disparaissent les tubercules. Le tour est large et l'ombilic étroit. Un exemplaire plus petit du Foum-el-Guelta montre, au contraire, les tubercules dorsaux assez prononcés et le dos presque plan. Enfin un petit individu, recueilli dans la même couche, à l'état ferrugineux, reproduit absolument les caractères de l'*A. Martimpreyi* d'Aumale. Il est à remarquer que ces Ammonites se trouvent au Djebel Meghila, comme en France, avec l'*A. inflatus*. Le niveau stratigraphique occupé ici par nos *A. dispar* est donc bien le même qu'en France.

Tunisie : Djebel Meghila (Foum-el-Guelta). — Étage cénomanien inférieur.

Genre **TURRILITES** Lamarck [1801].

Turrilites costatus Lamarck *Anim. sans vert.*, 102 [1801]; Coquand *Géol. et pal. rég. sud prov. Constantine*, 288 [1862]; Peron *Géol. Aumale* in *Bull. Soc. géol. France*, sér. 2, XXIII, 696 [1867]; Nicaise *Catal. anim. foss. prov. Alger*, 56 [1870]; Coquand *Études suppl.*, 448 [1879]. — *T. Tevesthensis*[1] Coquand *Géol. et pal. rég. sud prov. Constantine*, 174, t. 11, fig. 5 [1862], et *Études suppl.*, 448 [1879].

Le *Turrilites costatus*, si généralement répandu en France dans les couches cénomaniennes, est également assez fréquent dans le Nord africain. Nous le con-

---

[1] Ce nom provenant de Tebessa, l'ancienne *Thevesta*, l'auteur aurait dû écrire *T. Thevestensis*.

naissons en Algérie dans de nombreuses localités. A Aumale en particulier, il est extrémement abondant dans l'une des zones de l'étage cénomanien.

Cependant les spécimens qui ont été recueillis en Tunisie ne sont ni nombreux ni bien conservés. Il en est qui sont à l'état de moules calcaires et d'autres, petits, qui sont à l'état ferrugineux comme ceux que nous avons recueillis à Aumale, au Djebel Guessa, etc.

Parmi les premiers, nous signalerons d'abord plusieurs fragments fort médiocres qui proviennent de la zone inférieure du Djebel Meghila (étage cénomanien inférieur). Malgré leur mauvais état, nous n'hésitons pas à les rapporter au *T. costatus*. La spire est sénestre; les tours, convexes en dehors, sont carénés au bord postérieur et fortement excavés en dessous. Les côtes sont simples, aiguës, régulières. Sur deux de nos exemplaires, elles paraissent ininterrompues, mais sur un troisième on distingue une bande médiane d'interruption assez apparente. Vraisemblablement, sur les premiers, la disparition de cette bande résulte de l'état d'usure des individus. Si de meilleurs spécimens étaient trouvés et que cette absence d'interruption fût confirmée, on pourrait peut-être reconnaître là des *Turrilites Scheuchzerianus*.

Un autre exemplaire, également fruste, a été rapporté du Foum-el-Guelta et provient des grès à Foraminifères (*Thomasinella Punica*), c'est-à-dire d'un niveau plus élevé que les précédents, mais appartenant encore à l'étage cénomanien. Cet exemplaire possède deux tours complets. Il est fort semblable aux autres, mais on y distingue plus nettement les trois séries de côtes tuberculeuses, celle du bas est plus espacée et occupe à elle seule la moitié du tour. Les tubercules de cette rangée inférieure ne sont toutefois ni plus gros ni moins nombreux que les autres, et en cela cette Turrilite s'éloigne du *T. tuberculatus* pour se rapprocher du *T. Cenomanensis* Schlüter. Toutefois les tubercules sont ici assez franchement allongés dans le sens longitudinal et forment de véritables côtes; aussi nous rapportons plus volontiers cet exemplaire au *T. costatus*.

Enfin nous avons encore à mentionner deux autres spécimens du *T. costatus* qui proviennent de la même localité (Djebel Meghila) que les premiers, mais d'un niveau supérieur, vraisemblablement le même qu'au Foum-el-Guelta. Ces spécimens sont de petite taille, à l'état ferrugineux et bien conservés, quoique incomplets. Ils sont absolument identiques à ceux qu'on trouve en abondance dans les marnes cénomaniennes d'Aumale, de Berouaguia et d'autres localités du Nord algérien, à un niveau qui est également assez élevé dans l'étage cénomanien.

Ainsi que nous l'avons dit, partout où, en Algérie, cet étage géologique a été étudié, on y a rencontré le *T. costatus*. Les échantillons de cette espèce qu'on a recueillis à Batna et à Tebessa sont souvent d'une belle conservation et réclament une mention particulière. Coquand, se basant sur quelques apparences extérieures, a cru devoir distinguer ces spécimens du *T. costatus* et en a fait une autre espèce sous le nom de *T. Tevesthensis*. Nous ne pouvons admettre cette distinction. Les différences sur lesquelles elle est basée ne sont ni assez importantes ni assez constantes. La forme particulière que Coquand appelle *T. Tevesthensis* se retrouve, en effet, partout où se montre le *T. costatus*; c'est une simple variété dont les côtes sont atténuées à la base du tour et garnies, vers la coupure, d'un tubercule saillant et aigu. C'est là une variété qui est fort commune en France, notamment à Cassis, dans le banc des Lombards, dans la craie glauconieuse de Rouen et de nombreuses autres localités.

Depuis longtemps, A. Passy [1] avait fait de cette variété une espèce distincte sous le nom de *T. acutus;* mais la plupart des paléontologues n'ont pas accepté cette dénomination. M. Schlüter [2] cependant l'a reprise dans son grand ouvrage sur les Céphalopodes de l'Allemagne. Malgré l'autorité de ce savant, nous ne pouvons adopter sa manière de voir. Nous reconnaissons trop combien les deux espèces se lient et se confondent, quand on en possède de nombreux exemplaires. Il y aurait également des réserves à faire sur la valeur de l'espèce algérienne que Coquand a nommée *Turrilites Massinissa*, dans son premier mémoire sur la province de Constantine [3], et dont il a reproduit sans changements la description dans le deuxième mémoire.

Le petit individu qui forme le type de cette espèce ressemble singulièrement à notre *T. costatus* ferrugineux d'Aumale et nous ne serions nullement étonné qu'il lui appartint. Cependant, comme nous n'avons pas exploré le gisement de l'Oued Cheniour où Coquand a recueilli ce type, nous ne saurions être plus affirmatif.

Tunisie : Djebel Meghila (zones supérieure et moyenne du sommet) et Foum-el-Guelta (zone supérieure). — Étage cénomanien.

Turrilites polyplocus Rœmer *Verst. nordd. Kreidegeb.*, 92, t. 14, fig. 1 [1841]. — *Heteroceras polyplocus* d'Orbigny *Prodr.*, II, 126 [1847]; Pictet *Sainte-Croix*, 11, 158 [1862]. — *H. polyplocum* Schlüter *Cephal. der ob. deutsch. Kreide*, 112, t. 33, 34 et 35, fig. 3-8, 1-5, 1-8 [1875]; Marès in *C. R. Acad. sc.*, séance du 28 juillet 1884; Rolland in *C. R. Acad. sc.*, séance du 7 juin 1886; Le Mesle *Journal de voyage*, miss. 1888. — *Turrilites polyplocus* Kilian *Montagne de Lure*, 425 [1889].

Nous rapportons à l'espèce ci-dessus, mais non sans quelque doute, en raison de leur état fruste et très incomplet, des fragments assez nombreux que M. Thomas a rencontrés au Guelaat es-Snam, dans des calcaires marneux à Inocérames et à Foraminifères qui supportent le terrain tertiaire inférieur. Dans ces fragments les tours sont élevés et contigus et nous n'y voyons pas de portion déroulée ou divergente. Leur surface est ornée de côtes simples, peu saillantes, assez nombreuses, subflexueuses, non interrompues et sans tubercules apparents. Ces morceaux ressemblent bien aux spécimens d'*Heteroceras polyplocum* figurés par M. Schlüter (t. 33, fig. 3 et 4). Il nous semble donc d'autant plus probable qu'ils appartiennent bien à cette espèce que ce Céphalopode a déjà

---

[1] *Descr. géol. Seine-Infér.*, 334, t. 16, fig. 3 et 4 [1832].
[2] *Cephalopoden der oberen deutschen Kreide*, 127, t. 38, fig. 15 et 16 [1875].
[3] *Mém. Soc. géol. France*, sér. 2, V, 142, t. 3, fig. 18.

été trouvé dans la Régence, aux environs d'El-Kef, par MM. Marès, Rolland, etc., dans des calcaires fort semblables à ceux du Guelaat es-Snam.

Le type de l'espèce, après avoir été placé dans le genre *Heteroceras* par d'Orbigny et les auteurs qui ont suivi, a été replacé récemment dans les *Turrilites* par M. Kilian. Le genre *Heteroceras*, en effet, spécial au terrain crétacé inférieur de la Provence, a des caractères propres qui ne permettent pas d'y réunir l'espèce de la craie d'Allemagne. Cette dernière doit prendre place parmi les *Turrilites*, dont elle a exactement les lignes suturales et les principaux caractères.

Le *Turrilites polyplocus*, aussi bien dans la craie de Tercis (Landes) que dans la craie de Westphalie, est propre au Sénonien supérieur à Bélemnitelles.

Tunisie : Guelaat es-Snam. — Étage sénonien.

Genre **BACULITES** Lamarck [1801].

Des fragments très frustes de *Baculites* ont été rencontrés en Tunisie dans la craie supérieure à Bir Magueur et au Chaab-el-Guetof. Ces fragments sont gros, larges, sensiblement déprimés sur les flancs et à section elliptique. Leur état ne permet ni comparaison ni description rigoureuses. Ils semblent seulement, par leur taille et leur section, se rapprocher du *B. vertebralis* Lamarck, de la craie de Maëstricht.

Ce genre de Céphalopode n'avait pas encore été signalé jusqu'ici dans la craie supérieure du Nord africain. Cependant nous en avons recueilli aussi un individu dans l'étage danien du Kef-Matrek, au nord du Hodna (province de Constantine).

Tunisie : Bir Magueur, Chaab-el-Guetof. — Étage danien.

GASTEROPODA.

TURBINIDÆ.

Genre TURBO Linné.

Turbo Octavius d'Orbigny. — *Turbo tricostatus* d'Orbigny *Pal. franç.*, Gastérop., 227, t. 186, fig. 5 et 6 [1843]. — *Turbo Octavius* d'Orbigny *Prodr.*, 152 [1847]. — *Trochus Dujardini* Coquand *Géol. et pal. rég. sud prov. Constantine*, 181, t. 2, fig. 8. — *Trochus Desjardini* Coquand *Études suppl.*, 448 [1879].

Coquand a décrit sous le nom de *Trochus Dujardini* un petit moule de Gastéropode du Cénomanien de Tenoukla, qui est caractérisé par ses tours convexes, lisses, bien séparés, ornés de trois côtes saillantes. Nous retrouvons tous ces caractères dans un petit moule assez commun en Tunisie, dans les couches cénomaniennes du Djebel Taferma. La seule différence appréciable consiste en ce que les trois côtes transversales semblent moins prononcées dans nos individus que dans le type figuré par Coquand. C'est là une nuance à signaler, mais elle nous paraît tout à fait insuffisante pour permettre de séparer ces fossiles.

Un de ces moules du Djebel Taferma a conservé un fragment de la coquille, vers la partie postérieure du dernier tour. On peut voir ainsi qu'il existait là une carène saillante et crénelée.

Grâce à cet individu, nous avons pu rapprocher de ces moules plusieurs exemplaires d'un *Turbo* de petite taille que M. Thomas a recueillis au Djebel Meghila, dans la zone moyenne de l'étage cénomanien. Ces exemplaires sont pourvus de leur test. Ils semblent plus petits en général que le type du *Turbo Octavius* de la Sarthe, mais ils en reproduisent bien la forme et les caractères ornementaux. On y distingue très nettement les tours carrés, munis d'une partie unie à leur base, puis, dans la partie médiane, de trois crêtes équidistantes, au-dessus desquelles règne, à la partie supérieure du tour, une nouvelle zone lisse.

C'est la crête inférieure qui forme la carène anguleuse du tour. On la voit, sur quelques spécimens, subcrénelée comme dans l'individu représenté par M. Guéranger, dans son *Album paléontologique de la Sarthe* [1]. On distingue également dans ces exemplaires les rides d'accroissement, qui sont assez accentuées.

---

[1] T. 10, fig. 35.

Nous sommes donc convaincu que ces *Turbo* du Djebel Meghila, ainsi que ceux du Djebel Taferma, doivent être rapportés au *Turbo Octavius* d'Orbigny. Cette détermination est d'autant plus probable que la faune fossile de ces localités a beaucoup d'analogie avec celle des grès cénomaniens de la Sarthe.

C'est évidemment à tort que Coquand a classé son moule de Tenoukla dans le genre *Trochus*. En raison de sa spire allongée, de ses tours ronds et détachés et de la forme nettement arrondie de son péristome, ce moule paraît beaucoup mieux à sa place dans le genre *Turbo*. Quant à l'identité spécifique de ce moule avec le *T. Octavius* d'Orbigny, nous croyons qu'elle doit être admise pour les raisons que nous venons d'énoncer. Dans ce moule, les trois côtes ne sont pas sur le même plan, comme dans l'espèce de la Sarthe, et la côte médiane forme saillie sur la convexité du tour; mais cette apparence n'est due qu'à l'absence du test, ainsi que nous l'a montré l'individu du Djebel Taferma. Si nous connaissions le moule intérieur du *Turbo Octavius* de la Sarthe, il nous paraît évident que ce moule reproduirait la forme du *Trochus Dujardini* de Coquand.

Tunisie : Djebel Taferma; Djebel Meghila (zone moyenne). — Étage cénomanien.

TROCHIDÆ.

Genre **TROCHUS** Linné.

Trochus Cherbensis Thomas et Peron, pl. XIX, fig. 1-3.

DIMENSIONS DU SEUL INDIVIDU CONNU.

Hauteur, 10 millimètres; largeur, à la base du dernier tour, 12 millimètres.

Coquille de petite taille, régulièrement conique, un peu plus large que haute. Tours plans, carénés à leur partie inférieure qui fait une légère saillie sur le tour précédent. Surface extérieure des tours ornée de très fines côtes parallèles à la spire, serrées, légèrement inégales, au nombre de 13 ou 14 sur la hauteur du tour, sans traces de tubercules ni de granulations. Bouche étroite, ovale, non ombiliquée.

Cette espèce ne nous est encore connue que par un seul exemplaire, mais cet exemplaire est bien conservé, pourvu de son test et est suffisant pour caractériser l'espèce. Nous ne connaissons d'ailleurs, dans le terrain crétacé, aucun *Trochus* qui puisse être confondu avec le nôtre. Le *T. Rozeti* d'Archiac, du Tourtia de Belgique, a une forme analogue, mais les côtes transversales y sont moins nombreuses et granuleuses.

Nous avons recueilli dans la craie supérieure de la Haute-Garonne (couches à Rudistes de Paillon) un *Trochus* assez semblable à notre *T. Cherbensis*, mais ce fossile étant encore inédit et habitant un horizon bien plus élevé, il est inutile d'y insister ici.

Tunisie : Djebel Oum-Ali (Cherb central), zone à Trigonies. — Étage albien supérieur.

NERITIDÆ.

Genre **NERITA** Adanson.

Nerita Fourneli Bayle (sub *Natica*) in Fournel *Rich. miner. Algérie*, 364, t. 17, fig. 8-10
[1849]. — *Otostoma Fourneli* Coquand *Géol. et pal. rég. sud prov. Constantine*, 180,
t. 4, fig. 11 et 12 [1862]; Nicaise *Catal. anim. foss. prov. Alger*, 68 [1870]; Cotteau, Peron et Gauthier *Descr. Échin. foss. Algérie*, Sénonien, 24 [1881]. — *Nerita
Fourneli* Coquand *Études suppl.*, 62 [1879]; Peron *Sur un groupe de fossiles de la
craie supérieure*, in *Assoc. française*, congrès de Rouen, 8 [1883].

Le *Nerita Fourneli* est une des espèces les plus anciennement connues
de la craie d'Afrique. Il se trouve à peu près partout où affleure l'étage
santonien et caractérise la base de cet étage, avec les *Buchiceras Fourneli*, *Hemiaster Fourneli*, etc. En Tunisie, il habite le même horizon,
mais il n'y semble pas aussi commun. Cependant M. Thomas l'a rencontré dans plusieurs localités. Quelques individus ont conservé leur test
et montrent bien la même ornementation que les individus types de
Nza-Ben-Messaï et autres localités d'Algérie. Les côtes saillantes et obliques
de la base des tours s'arrêtent ou s'atténuent assez brusquement vers le
milieu du tour, la moitié antérieure étant garnie seulement d'un treillis
serré, formé de petites côtes longitudinales qui se croisent à angle droit
avec de petites côtes transversales de même grosseur.

Le premier exemplaire connu du *Nerita Fourneli* a été recueilli par Henri
Fournel, entre Batna et El-Kantara, et décrit par M. Bayle dans la *Richesse minérale de l'Algérie* sous le nom de *Natica Fourneli*. Plus tard, à la
suite de la création du genre *Otostoma*, que d'Archiac avait proposé pour
des coquilles semblables, Coquand a placé l'espèce de M. Bayle dans ce
genre; mais, dans ses *Études supplémentaires*, il l'a de nouveau déclassée
et placée dans les *Nerita*.

C'est avec raison que cette dernière attribution a été adoptée par Coquand. Nous avons pu, sur quelques spécimens, constater l'existence du
bord intérieur droit et crénelé qui caractérise l'ouverture des Nérites.
D'ailleurs, nous avons démontré, dans la note précitée, que le genre *Otostoma* d'Archiac ne pouvait, pour plusieurs motifs, être conservé dans la
classification.

Tunisie : Djebel Aïdoudi (versant sud); Khanget Safsaf; Khanget Goubel; Djebel
Dagla. — Étage santonien.

Nerita Archiaci Coquand; Nob. pl. XIX, fig. 4-6. — *Otostoma Archiaci* Coquand *Géol.
et pal. rég. sud prov. Constantine*, 180, t. 4, fig. 10 [1862]; Ville, *Explor. Beni Mzab*,
173 [1872]. — *Nerita Archiaci* Coquand *Études suppl.*, 62 [1879].

Le *Nerita Archiaci* est une espèce que, malgré nos longues recherches, nous ne sommes pas encore sûr de bien interpréter. Les différences avec le *N. Fourneli* consistent, d'après Coquand, dans la taille qui est plus grande et dans les côtes longitudinales qui ne s'arrêtent pas brusquement au milieu, comme dans ce dernier. Ces différences paraissent bien insuffisantes et bien inconstantes. Quoi qu'il en soit, nous avons attribué ce nom de *N. Archiaci* à un Gastéropode de la craie africaine qui, malgré quelques différences, nous paraît pouvoir être rattaché au type de Coquand et qui se distingue du *N. Fourneli* par quelques caractères assez constants.

Dans notre Nérite, les grosses côtes longitudinales sont plus larges que dans le *N. Fourneli*, épaisses, atténuées au milieu du tour, mais reprenant au delà pour se prolonger jusqu'à la columelle. Ces grosses côtes sont, ainsi que les sillons qui les séparent, garnies de nombreuses stries fines, égales et parallèles entre elles. Elles sont en outre crénelées par places, surtout vers l'ouverture, par des sillons transversaux assez largement espacés. Quelques-uns de ces caractères, notamment l'atténuation des grosses côtes vers la partie médiane du tour, concordent sensiblement avec ceux indiqués par Coquand pour le *N. Archiaci*. Mais nous ne voyons pas, dans nos spécimens, cette structure treillissée au milieu des tours, signalée par l'auteur.

Le *N. Archiaci* Coquand ayant été insuffisamment représenté et nos exemplaires possédant, d'ailleurs, une ornementation un peu différente de celle du type, il nous a paru utile d'en faire figurer un.

Tunisie : Kef El-Hammam. — Étage santonien.

Nerita pustulata Thomas et Peron, pl. XIX, fig. 7-9.

DIMENSION.

Hauteur, 5 millimètres.

Coquille de petite taille, courte, globuleuse. Spire très peu saillante, composée de trois tours. Dernier tour très grand, enveloppant, absorbant presque toute la longueur de la coquille; arrondi en dessus et orné de deux légères carènes situées, l'une un peu au-dessus de la suture, l'autre vers le milieu de la hauteur. Ces deux carènes ou côtes sont garnies de tubercules mousses un peu inégaux, assez largement, mais inégalement espacés. Au-dessus de la côte médiane, on remarque 6 à 7 costules très fines également parallèles à la spire. Ces costules cessent d'être visibles dans la partie terminale du tour, aux approches de l'ouverture.

La surface de la coquille est garnie, en outre, de stries transversales d'accroissement assez marquées, parfois groupées en un faisceau légèrement saillant entre les deux carènes. Sur le bord de l'ouverture buccale, ces stries déterminent dans notre plus grand spécimen des renflements qui rendent ce bord noduleux et irrégulier. Ouverture grande, auriforme, sub-tronquée en avant. L'état de nos exemplaires ne permet pas de reconnaître si, comme cela est très probable, le bord columellaire de l'ouverture porte une lame droite crénelée, qui rétrécit l'ouverture et lui donne la forme semi-lunaire habituelle dans les espèces du genre *Nerita*.

De toutes les Nérites assez nombreuses que nous connaissons dans le terrain crétacé, aucune ne peut être confondue avec celle que nous venons de décrire. L'espèce la plus voisine, au moins par son aspect général, semble être le *Nerita (Otostoma) Pouechi* d'Archiac du terrain nummulitique, surtout la variété représentée par d'Archiac [1] sous le n° 4. Mais il y a néanmoins des différences telles dans le détail de l'ornementation, qu'il semble inutile d'y insister.

Le *Nerita Hærnesana* Zekeli, de Salzbourg, est également fort voisin du nôtre; le spécimen de cette espèce que M. Reuss [2] a représenté, plus encore que le type figuré par M. Zekeli [3]. Toutefois dans le *N. Hærnesana* les renflements tuberculeux sont bien plus irréguliers et plus allongés; l'espèce est de taille plus grande et on n'y aperçoit pas de stries longitudinales.

Il faut encore citer, parmi les espèces analogues à la nôtre, le fossile de la craie moyenne du Portugal que Daniel Sharpe [4] a décrit sous le nom de *Turbo Mundæ*. Ce fossile, qui est bien une Nérite, se sépare du nôtre par les côtes véritables qui existent à la partie inférieure du tour.

Tunisie : Djebel Oum-Ali (zone à Trigonies). Deux exemplaires. — Étage albien supérieur.

Nerita lævigata Thomas et Peron, pl. XIX, fig. 10-12.

DIMENSION.

Longueur 10 millimètres.

Coquille auriforme, à spire très courte. Dernier tour très grand, enveloppant, absorbant presque toute la hauteur de la coquille. Ouverture semi-lunaire, rétrécie par une lame columellaire sur le bord de laquelle nous ne pouvons distinguer les crénelures par suite de l'encroûtement de l'ouverture. Ombilic fermé, sans callosité bien visible.

Surface du tour ornée seulement de fines stries longitudinales, à peu près égales entre elles, mais sensiblement fasciculées et divisées en groupes par de légers sillons assez espacés. Aucune trace ni de stries transversales, ni de tubercules, sur aucune partie de la surface.

En l'état peut-être insuffisant où nous la connaissons, cette Nérite ne peut être

---

[1] *Bull. Soc. géol. France*, XVI, 877, t. 19, fig. 4.
[2] *Kritische Bemerkungen*, t. 1, fig. 6.
[3] *Die Gasteropoden der Gosaugebilde*, t. 8, fig. 8.
[4] *On the secondary Rocks of Portugal*, 194, t. 20, fig. 7.

assimilée à aucune espèce connue. Il ne semble pas impossible qu'elle ne soit qu'un individu jeune du *Nerita rugosa* de la craie danienne, mais ce n'est là qu'une supposition basée sur l'analogie de l'ornementation.

Comme le *N. rugosa* adulte n'a pas été rencontré en Tunisie, il est certainement préférable d'en séparer notre espèce.

Tunisie : Djebel Aïdoudi (base nord); Khanget Mezouna. — Étage sénonien.

SOLARIIDÆ.

Genre **SOLARIUM** Lamarck.

Solarium cf. **granosum** d'Orbigny *Pal. franç.*, Gastérop., 203, t. 181, fig. 1–8 [1842].

Nous signalons sous ce nom deux exemplaires de *Solarium*, à l'état de moules intérieurs, mais possédant encore par places quelques fragments de test.

La forme générale du moule est bien celle du *S. granosum*, tel que nous le trouvons dans l'Albien de diverses localités et en particulier dans le Gault des environs d'Aumale. Sous le rapport de la taille, de la gangue et de l'aspect, ils ressemblent beaucoup encore au *S. granosum* du Gault de Fontcouverte près Narbonne, dont M. Viguier a trouvé plusieurs spécimens. L'ensemble est très déprimé, la spire peu saillante, l'ombilic large et relativement profond. Les tours sont fortement carénés. D'après un reste de test, il semble que la carène est dentelée, comme on l'observe dans le jeune âge des *Solarium* de ce groupe.

D'après un autre fragment de test, on voit que la surface de la coquille, vers la partie externe du tour, était garnie de granules tuberculeux, serrés, comme dans le *S. granosum* et quelques autres.

Il paraît donc vraisemblable que nos spécimens doivent représenter cette espèce. Toutefois nous devons faire observer que le niveau de nos individus diffère sensiblement de celui qu'occupe en France le *S. granosum*. Ces moules ont été recueillis non dans le Gault, mais bien dans l'étage cénomanien et même dans une zone assez élevée, avec le *Turbo Octavius*, etc.

Tunisie : Djebel Meghila (zone moyenne). — Étage cénomanien.

Solarium sp.

M. Thomas a rencontré en assez grande abondance, dans les marnes cénomaniennes du Foum-el-Guelta (Djebel Meghila), de petits moules de *Solarium*, qui, en l'absence complète de caractères saillants distinctifs, ne peuvent donner lieu à une détermination précise. Ces moules sont de petite taille, coniques, à spire courte, à angle spiral très ouvert, à tours peu nombreux. Les tours sont assez hauts, un peu convexes au milieu, légèrement carénés en bas et en haut, en retrait les uns sur les autres et laissant un petit canal sur la suture.

C'est des moules de *Solarium conoideum* que ceux dont nous parlons se rapprochent le plus. Ils sont cependant toujours de taille plus petite, à tours moins nombreux et à angle spiral plus ouvert. Nous ne connaissons aucune espèce algérienne identique à ces moules. Il est donc probable qu'ils appartiennent à une espèce nouvelle, mais il ne nous paraît pas possible de la caractériser suffisamment.

TURRITELLIDÆ.

Genre **TURRITELLA** Lamarck.

Turritella aff. **Vibrayeana** d'Orbigny *Pal. franç.*, Gastérop., 37, t. 151, fig. 10-12 [1842].

Nous possédons des exemplaires assez nombreux, mais frustes et incomplets, d'une petite Turritelle, provenant de l'Albien supérieur du Djebel Oum-Ali, que nous ne pouvons que rapprocher du *Turritella Vibrayeana* du Gault de France. Ils ont bien la forme allongée, régulièrement conique, les tours plans, sans saillie et avec dépression suturale très faible, qui caractérisent cette dernière espèce, mais les côtes transverses sont plus simples, plus égales, moins nombreuses et garnies, seulement à la base du tour, de granules arrondis. Il se peut que ces différences, qui semblent ne porter que sur des détails d'ornementation, ne soient que de simples variations locales, comme nous en avons pu constater entre des *T. Vibrayeana* de diverses localités de France, mais l'état par trop imparfait de nos individus de Tunisie ne nous permet pas de nous faire à ce sujet une opinion motivée.

En conséquence, faute de matériaux plus complets, nous nous bornons à les signaler sous la désignation ci-dessus.

Tunisie : Djebel Oum-Ali, couches à Trigonies. — Étage albien supérieur.

Turritella difficilis d'Orbigny *Pal. franç.*, Gastérop., 39, t. 151, fig. 19 et 20. — *Turritella difficilis?* Coquand *Géol. et pal. rég. sud prov. Constantine*, 288 [1862], et *Études suppl.*, 448 [1879].

Il a été rencontré, dans diverses localités des hauts-plateaux de la Régence, de nombreux individus et des fragments d'une Turritelle qui nous paraît devoir être assimilée au *Turritella difficilis* d'Orbigny. La taille et la forme de ces spécimens sont bien celles de cette espèce. Les tours sont convexes et séparés par une suture assez profonde. La surface des tours est garnie de 5 ou 6 côtes longitudinales, simples, égales entre elles, équidistantes et non granuleuses. Sur les tours inférieurs, contrairement à ce qui a lieu dans le type de d'Orbigny, on ne voit que 5 côtes parallèles au lieu de 6, mais, sur le dernier tour, les 6 côtes sont bien visibles; néanmoins cette petite différence ne nous semble pas de nature à motiver une distinction spécifique. D'après des spécialistes fort compétents, comme MM. Zekeli, Stoliczka, etc., les *T. quadricincta*, *quinquecincta*, *sexcincta* et *multistriata*, qui ont exactement la même forme et ne diffèrent entre eux que par le nombre des côtes transversales, doivent être considérés comme ne formant qu'une seule et même espèce. Nous partageons complètement cette manière de voir en ce qui concerne le peu d'importance à donner au nombre des côtes, et même aux légères granulations dont elles sont parfois ornées. Les géologues qui croiraient ne pas devoir admettre un cadre aussi large pour les espèces pourraient rapporter nos individus au *T. quinquecincta* qui se trouve exactement dans les mêmes conditions, en ce qui concerne le nombre des côtes; mais alors une autre petite difficulté surgirait, c'est que, dans cette espèce, les côtes sont un peu inégalement distantes et qu'en outre elles sont garnies de granulations.

M. Zekeli a réuni au *Turritella difficilis* d'Orbigny une espèce de la craie de Gosau qui semble en effet en être très voisine : c'est le *T. Hagenowiana* Münster, qui possède, comme le nôtre, 5 côtes parallèles à la spire. Toutefois M. Stoliczka[1] n'a pas admis cette réunion. Il se base pour cela non sur le nombre des côtes, mais sur ce que, dans le *T. Hagenowiana*, les deux côtes inférieures sont constamment plus petites que les trois autres.

D'autre part, M. Stoliczka admet que le *T. difficilis* d'Orbigny est identique au *T. sexlineata* Rœmer. S'il en est ainsi réellement, le nom adopté par d'Orbigny devrait disparaître et être remplacé par celui de *T. sexlineata*, qui est plus ancien. Nous avons cherché à nous faire une opinion au sujet de cette assimilation admise par M. Stoliczka, mais la courte diagnose et la médiocre figure que Rœmer[2] a données du *T. sexlineata* ne nous ont pas éclairé complètement. En conséquence, il nous paraît plus rationnel de conserver le nom de *T. difficilis*, qui correspond à un type bien connu et bien défini.

Le type du *T. difficilis* a été trouvé en France dans les grès turoniens d'Uchaux. Il est hors de doute que ce même type se retrouve dans beaucoup d'autres localités et dans des horizons plus récents que l'étage turonien. On peut le signaler notamment dans la craie à Hippurites supérieure, c'est-à-dire dans l'étage sénonien supérieur, non seulement dans le cercle de Salzbourg, comme l'a montré M. Zekeli, mais en France, dans la Provence et les Corbières.

En Algérie, Coquand a mentionné l'existence du *T. difficilis* dans l'étage rhotomagien à Tenoukla.

---

[1] *Revision der Gastropoden der Gosauschichten*, 112.
[2] *Die Versteinerungen des Norddeutschen Kreidegebirges*, 80, t. 11, fig. 22.

En Tunisie, ce même fossile a été rencontré dans plusieurs localités, mais toujours à un niveau plus élevé. Au Khanget Mezouna, au Khanget Safsaf et au Djebel Aïdoudi, c'est dans l'étage santonien qu'il a été trouvé. Un autre spécimen, moins bien conservé et plus douteux, a encore été recueilli au Djebel Bou-Driès, toujours dans le même horizon. Dans le gisement du Khanget Mezouna, où l'espèce est abondante, certaines plaques calcaires, garnies de Turritelles et d'autres fossiles, Rostellaires, Astartes, etc., rappellent tout à fait l'aspect des plaquettes de grès d'Uchaux, où ces fossiles se montrent si abondants et si bien conservés. Toutefois il ne paraît pas possible de placer les deux gisements exactement sur le même niveau stratigraphique.

Tunisie : Khanget Mezouna; Khanget Safsaf; Djebel Aïdoudi (versant sud); Dj. Bou-Driès; Dj. Sidi-bou-Ghanem. — Étage santonien.

Turritella Choffati Thomas et Peron, pl. XIX, fig. 13 et 14.

Espèce de taille médiocre; la dimension de notre plus grand spécimen, évaluée d'après le fragment que nous en possédons, ne devait pas dépasser 22 millimètres de longueur.

Tours en troncs de cône renversés, plats sur les trois quarts de la hauteur et carénés au quart antérieur; en avant de la carène, un petit méplat rentrant forme un nouveau plan en déclivité vers la suture. La plus grande épaisseur du tour est ainsi très en avant et la coquille prend un peu l'apparence d'une série de petits cônes imbriqués. Surface des tours garnie de quatre costules fines qui, sur quelques spécimens, semblent inégales et granuleuses. La dernière de ces costules, un peu plus prononcée que les autres, forme la petite carène antérieure.

Il existe dans l'étage cénomanien de la Sarthe plusieurs Turritelles simplement nommées par d'Orbigny dans son *Prodrome*, ou par M. Guéranger dans son *Répertoire paléontologique*, qui ne sont guère connues que par les photographies données par ce dernier auteur dans son album, d'après quelques spécimens d'ailleurs insuffisants.

Plusieurs de ces espèces semblent assez voisines les unes des autres, comme les *Turritella Sarthensis* et *T. Guerangeri*, *T. gracilis* et *T. alternata*, de sorte qu'il n'est pas facile en réalité d'attribuer à chacune d'elles le nom qui doit lui revenir.

Notre *T. Choffati* appartient au même groupe que ces espèces de la Sarthe. Nous avons pu le comparer à des spécimens des environs de Vierzon que nous rapportons au *T. Sarthensis* ou au *T. Guerangeri*. Nous avons constaté qu'il en était voisin, mais nous ne pouvons cependant le considérer comme identique à ces espèces et, en raison de la différence du niveau stratigraphique, il est préférable de le distinguer.

Nous dédions l'espèce à M. Paul Choffat, dont les beaux travaux nous ont permis de voir les analogies remarquables qui existent, au point de vue de la constitution géologique, entre le Portugal et le nord de l'Afrique.

Tunisie : Djebel Meghila (sommet), zone supérieure. Assez abondant. — Étage turonien.

Turritella disjuncta Thomas et Peron, pl. XIX, fig. 15.

Nous désignons provisoirement sous ce nom une Turritelle représentée seulement par des moules intérieurs et qui par conséquent ne présente pas des éléments suffisants pour une bonne détermination. Mais ce moule est assez répandu dans plusieurs localités de la Tunisie et de l'Algérie, à la base de l'étage sénonien, et, au point de vue de la géologie locale, il y a un certain intérêt à le définir et à lui attribuer un nom.

Moule scalariforme, atteignant une assez grande taille. La spire est allongée et le pas de l'hélice très grand. Les tours sont peu nombreux, assez hauts, convexes sur les bords antérieur et postérieur, mais sensiblement aplatis vers la partie médiane. Ils sont séparés entre eux par une suture large et profonde et complètement disjoints. Quelques traces de la surface externe qui subsistent sur l'un de nos moules de la craie d'Algérie nous permettent de voir que cette surface des tours était garnie de côtes nombreuses, parallèles à la spire.

Il serait sans intérêt de chercher à comparer ces moules aux nombreux fossiles assez semblables que nous connaissons. Parmi ceux d'Algérie qui s'en rapprochent le plus il nous suffira de citer celui de l'étage cénomanien de Batna, que Coquand a appelé *Turritella elata*. Toutefois, dans ce moule, dont MM. Papier et Heinz ont reproduit un spécimen par la photographie, les tours sont carénés à la partie supérieure et plus larges en haut qu'en bas.

Les moules du *T. disjuncta* sont assez abondants en Algérie et, depuis longtemps, ils existaient dans notre collection sous le nom que nous leur conservons ici. Nos meilleurs spécimens proviennent de Medjèz-el-Foukani. Ils ne sont d'ailleurs pas plus complets que ceux de la Tunisie.

Tunisie : Khanget Tefel (assez abondant); Djébel Aïdoudi (versant sud); Dj. Dagla, près Feriana. — Étage santonien.

Turritella Tefelensis Thomas et Peron, pl. XIX, fig. 16.

DIMENSIONS, ÉVALUÉES D'APRÈS UN INDIVIDU INCOMPLET.

Longueur, 100 millimètres au minimum; diamètre du tour antérieur, 18 millimètres.

Espèce longue, étroite, de taille assez grande. Tours nombreux, contigus, hauts, convexes seulement à la partie antérieure qui est arrondie sur la suture. Quelques fragments de test, restés sur l'un des moules, semblent montrer que la coquille était ornée, au bas de chaque tour, d'un cordon de granules desquels partent des stries flexueuses très obliques, se coupant avec des costules transversales assez nombreuses.

Cette ornementation semble fort analogue à celle du *Turritella funiculosa* Matheron, de la craie à Hippurites supérieure de la Provence. Nos spécimens sont d'ailleurs assez semblables, pour la taille et pour la forme générale, à l'espèce de M. Matheron. Il semble donc possible qu'ils la représentent dans la craie africaine.

Toutefois ce rapprochement est trop hypothétique pour que, en l'état de nos matériaux, nous puissions l'adopter.

Provisoirement il nous a paru préférable de désigner notre fossile sous un nom
particulier.

Tunisie : Khanget Tefel. — Étage santonien.

Turritella Khenafesensis Thomas et Peron, pl. XIX, fig. 17.

DIMENSION.

Longueur, 35 millimètres.

Espèce connue seulement par deux exemplaires, dont l'un n'est qu'un fragment
très court; ces deux exemplaires sont en médiocre état de conservation.

Coquille conique, courte, à angle spiral assez ouvert, à tours contigus
et assez hauts. Surface des tours ornée en haut et en bas d'un petit bourrelet saillant, déprimée ou concave au milieu qui est orné lui-même
d'une légère côte spirale, parallèle aux bourrelets. Ni la forme de l'ouverture ni la columelle ne sont visibles dans nos individus. Il en résulte que
les caractères génériques de notre fossile sont incertains. D'après l'aspect
général et l'ornementation il pourrait être placé dans les *Glauconia* ou
même dans les *Nerinea*.

Notre *Turritella Khenafesensis* a de l'analogie avec le *Cassiope Dufouri* Mun.-
Chalm., du terrain crétacé supérieur du Bir Berrada, dans le sud de la Régence.
Toutefois cette dernière espèce ne possède pas de côte au milieu de la concavité
des tours. Cette différence paraît suffisante pour qu'on ne puisse pas assimiler ces
fossiles, si l'on considère surtout que leurs gisements et leurs horizons stratigra-
phiques ne sont pas les mêmes.

Une analogie plus grande encore existe entre le *Turritella Khenafesensis* et le
T. Omaliusi Binkh., de la craie supérieure de Maëstricht. Ici le niveau stratigraphique est à peu près concordant. Cependant nous ne pouvons encore admettre
l'identification, car, dans l'espèce de Maëstricht, indépendamment des trois corde-
lettes saillantes qui ornent les tours, on distingue encore trois fines stries spirales
que nous ne voyons pas dans la nôtre. Il semble donc, en l'état de nos documents,
plus prudent de considérer celle-ci comme nouvelle.

Tunisie : Bir Khenafès, sur le bord du chott Fedjedj. — Étage sénonien supérieur.

Turritella sp.

Nous devons mentionner ici, à titre de simple indication provisoire,
des moules assez nombreux de *Turritella* (?) que M. Thomas a rencontrés au Kef El-Hammam, dans les calcaires santoniens.

Ils sont en calcaire, de petite taille, à spire médiocrement allongée,
à tours serrés, ronds, contigus, à ombilic très petit. On ne découvre à la
surface aucune trace de côtes ou autre ornementation. Ces moules sont

d'ailleurs assez frustes et, en l'absence de tout caractère distinctif, nous ne pouvons les déterminer.

Genre **GLAUCONIA** Giebel [1852].

Turritella (pars) d'Orbigny [1842]. — *Glauconia* Giebel *Allgem. Palæont.*, 185 [1852].
— *Omphalia* Zekeli [1852] (non *Omphalia* Haan [1825]). — *Cassiope* Coquand [1863].
— *Vicarya* de Lorière et de Verneuil [1868] (non *Vicarya* d'Archiac [1854]). —
Glauconia Choffat [1885].

Glauconia Picteti Coquand sp.; Nob. pl. XIX, fig. 18. — *Cassiope Picteti* Coquand
Mon. pal. Ét. aptien Espagne in *Mém. Soc. émul. Provence*, III, 253, t. 4, fig. 6 et 7. —
Vicarya strombiformis de Verneuil et de Lorière *Descr. foss. Néoc. sup. Utrillas*, 7,
t. 1, fig. 4 (non *Muricites strombiformis* Schlotheim) [1868]. — *Glauconia strombiformis*
Choffat *Rec. mon. strat. syst. crét. Portugal*, 25 et suiv. [1885].

C'est après un examen minutieux que nous rapportons, avec confiance, au *Glauconia* (*Cassiope*) *Picteti* Coquand, des couches d'Utrillas en Espagne, plusieurs individus d'un Gastéropode recueillis par M. Thomas dans le Cherb central, au Djebel Oum-Ali, au milieu de couches attribuées à l'étage albien supérieur. Ces fossiles sont pourvus de leur test. Ils présentent non seulement la taille et la forme générale de l'espèce susindiquée, mais exactement la même ornementation, c'est-à-dire deux rangées de perles dont la postérieure est située au tiers de la hauteur du tour et la seconde à la partie antérieure, très près de la suture.

Comme l'a fait remarquer de Verneuil [1], cette espèce diffère du *Glauconia Lujani* surtout par la position de la première rangée de tubercules qui, dans ce dernier, est beaucoup plus rapprochée de la base du tour, laissant ainsi entre les deux carènes perlées un méplat plus large et plus central.

MM. de Verneuil et de Lorière n'ont pas adopté le nom nouveau donné par Coquand à l'espèce qui nous occupe. D'après ces savants, cette espèce serait connue depuis longtemps. C'est elle que Schlotheim aurait, le premier, nommée *Muricites strombiformis*. Rœmer ensuite, puis Goldfuss, l'ont décrite et figurée sous le nom de *Potamides carbonarius*; MM. Pictet et Renevier, sous celui de *Cerithium Heeri*, et, enfin, Coquand l'a décrite comme nouvelle sous celui de *Cassiope Picteti*. En raison de cette synonymie, MM. de Verneuil et de Lorière ont cru devoir reprendre le nom spécifique primitivement appliqué par Schlotheim et, transportant ensuite l'espèce dans le genre *Vicarya* de d'Archiac, ils en ont fait le *Vicarya strombiformis*.

---

[1] *Descr. foss. Néoc. sup. Utrillas*, p. 9.

Malgré notre grande estime pour les travaux de MM. de Verneuil et de Lorière, nous ne pouvons partager leur croyance dans l'identité des divers fossiles énumérés par eux dans la synonymie. Les figures qu'ils ont données du *Vicarya strombiformis* d'Utrillas sont parfaites et concordent bien avec la figure du *Cassiope Picteti* donnée par Coquand, et aussi avec de bons spécimens de ce Gastéropode que nous devons à la libéralité de ce savant. Sous ce rapport donc, il n'y a pas d'hésitation; mais il n'en est plus de même si nous comparons ces spécimens aux *Potamides carbonarius*, *Muricites strombiformis* et *Cerithium Heeri*. Ce dernier, qui de tous est le fossile le plus voisin du *Glauconia Picteti*, en diffère encore très sensiblement par l'inégalité de ses lignes de tubercules. Ceux de la ligne inférieure sont plus gros et plus rares. En outre, cette ligne inférieure n'a pas la même position par rapport à la suture des tours. Enfin la forme et l'ornementation de la partie supérieure du dernier tour sont différentes.

Ces différences sont encore plus accentuées dans les divers Gastéropodes compris sous les noms de *Potamides carbonarius* et *P. strombiformis*. Il suffit d'examiner les figures données par Goldfuss pour être convaincu. Il importe en outre de considérer que ces derniers fossiles appartiennent au terrain Wealdien du nord de l'Europe, ce qui constitue avec le fossile d'Utrillas et avec notre fossile de Tunisie une différence de stations stratigraphique et géographique très considérable.

Pour toutes ces raisons, nous pensons que c'est à tort que l'espèce de Coquand a été assimilée au *Muricites strombiformis* et nous jugeons nécessaire de reprendre le nom que ce savant avait adopté.

On peut voir, d'après la synonymie que nous avons indiquée et d'après les considérations ci-dessus, que l'incertitude des auteurs n'est pas moindre en ce qui concerne le nom générique sous lequel il convient de désigner ces fossiles. Les noms de *Muricites*, *Potamides*, *Turritella*, *Glauconia*, *Omphalia*, *Vicarya*, *Cassiope*, ont été successivement appliqués à ces Gastéropodes qui semblent se rencontrer de préférence dans les dépôts d'eaux saumâtres. Nous conformant à la manière de voir de MM. Zittel, Fischer et autres spécialistes, nous pensons qu'il y a lieu de revenir au nom générique de *Glauconia* proposé par Giebel en 1852.

En ce qui concerne le niveau stratigraphique habité par le *Glauconia Picteti*, nous avons à signaler et à expliquer une divergence sensible entre celui que nous lui attribuons en Tunisie et celui où l'ont placé Coquand, de Verneuil et d'autres auteurs. Les couches à lignites d'Utrillas, qui sont le gisement des *Cassiope* de Coquand et des *Vicarya* de Verneuil, ont été mises par le premier de ces savants dans l'étage aptien et par les autres dans le Néocomien. En fait, cette classification ne paraît pas être rigoureusement justifiée. Il semble que des niveaux successifs doivent être distingués dans les couches d'Utrillas. D'après les études très approfondies de M. Choffat dans les environs de Lisbonne, où l'on retrouve les équivalents des couches d'Utrillas et une bonne partie des fossiles de cette localité, les *Glauconia strombiformis*, *G. Lujani* et autres se retrouveraient à plusieurs niveaux dont les plus élevés doivent être attribués à l'étage cénomanien [1].

---

[1] *Rec. mon. strat. syst. crét. Portugal*, p. 38.

Les couches qui, en Tunisie, renferment le *Glauconia Picteti* semblent avoir la plus grande analogie avec celles étudiées en Portugal par M. Choffat. La succession stratigraphique est la même et de nombreux fossiles semblables se trouvent dans les deux gisements. Nous citerons le *Placenticeras Saadensis*, qui est fort voisin du *P. Uhligi*, puis les *Nerinea Utrillasi*, *Glauconia Picteti*, *Panopœa Aptiensis*, *Trigonia caudata*, *Ostrea prœlonga*, *Enallaster* aff. *Tissoti*, etc. Il ne nous paraît donc pas douteux que ces assises de la Tunisie correspondent à celles que M. Choffat a appelées «couches de position douteuse» et qu'il place sur le niveau des étages albien et cénomanien inférieur.

Ces couches à *Glauconia* de Tunisie sont d'ailleurs évidemment les mêmes que celles que nous avons observées au-dessus de l'oasis d'Eddis et à Bou-Saada, en Algérie, et décrites en les attribuant au Gault supérieur [1]. Il résulte en outre de fossiles découverts par M. Welsch dans les environs de Tiaret et qui nous ont été communiqués, que cette même assise s'étend sur un long espace dans les hauts-plateaux de cette région, et toujours dans la même situation stratigraphique.

En Tunisie, la formation en question affleure en plusieurs points de la chaîne du Cherb : au Djebel Roumana, au Djebel Oum-el-Oguel et au Djebel Oum-Ali.

En raison de l'importance stratigraphique du *Glauconia Picteti* et pour permettre de mieux apprécier l'identité de nos fossiles, nous en avons fait figurer un spécimen.

Tunisie : Djebel Oum-Ali (couches à Trigonies). — Étage albien supérieur.

XENOPHORIDÆ.

GENRE **XENOPHORA** Fischer de Waldheim [1807].

Xenophora cf. **onusta** Hesinger sp. — *Trochus onustus* Hesinger *Leth. suec.*, 35, t. 2, fig. 4. — *Xenophora onusta* Binkhorst *Mon. Gastérop. et Céphal.*, *craie sup. Limbourg*, 38, t. 3, fig. 14 [1861].

Un moule, de conservation médiocre, recueilli dans l'étage sénonien inférieur, nous semble présenter une très grande analogie avec ce fossile que Hesinger, Nilsson, Goldfuss ont appelé *Trochus onustus*, et M. de Binkhorst *Xenophora onusta*.

La surface du dernier tour est, en dessous, lisse et subconcave. Le pourtour est caréné. La surface supérieure est semée d'entailles et d'impressions irrégulières, qui paraissent bien être les empreintes ou surfaces d'adhérence des corps étrangers fixés à la coquille par l'animal lui-même. A la vérité, ces empreintes sont frustes et on n'y distingue aucune trace reproduisant les ornements quelconques des corps adhérents; mais néanmoins, en raison de la répartition à peu près régulière et continue de ces cicatrices d'adhérence, nous pensons qu'on ne peut y voir ni de simples

---

[1] *Descr. Échin. foss. Algérie*, Ét. albien, p. 63, et *Descr. géol. Algérie*, 77.

déformations accidentelles, ni le résultat d'une usure postérieure à la
fossilisation.

La forme générale de notre moule, sa taille, le nombre des tours et l'ouverture de l'angle spiral sont bien les mêmes que dans le *Xenophora onusta*.

Vu l'insuffisance de notre unique spécimen, il est toutefois indispensable d'attendre de nouveaux documents pour pouvoir affirmer l'existence,
en Tunisie, de cette intéressante espèce de la craie de Maëstricht.

Tunisie : Kef El-Hammam. — Étage santonien.

NATICIDÆ.

Genre **NATICA** Adanson [1757].

Natica subexcavata Thomas et Peron, pl. XIX , fig. 19-21.

Espèce connue seulement par plusieurs moules intérieurs, les uns d'Algérie, un
autre de Tunisie. Le plus grand de ces moules atteint 55 millimètres de largeur et
3o millimètres de hauteur. Les mêmes dimensions relatives se représentent dans les
autres individus.

Coquille beaucoup plus large que haute. Spire très courte, composée
de tours arrondis, très peu saillants, séparés par une suture assez profonde. Le dernier tour très développé et projeté en dehors. Ouverture
oblongue, semi-lunaire, relativement étroite. Ombilic fort grand, largement ouvert en entonnoir et bordé par une carène qui court à la partie
supérieure du tour.

Notre espèce doit évidemment se rapprocher beaucoup du *Natica excavata* Mich.,
de l'étage albien. C'est dans cette pensée que nous avons adopté le nom ci-dessus
indiquant cette parenté. Le *N. excavata* est toutefois d'une forme sensiblement
plus haute, relativement à sa largeur. Comme, d'autre part, nous ne connaissons
pas son moule intérieur et que la comparaison est difficile entre un moule intérieur et une coquille, nous avons cru devoir établir un nouveau type spécifique
pour les moules en question.

Cette résolution est d'ailleurs d'autant plus motivée que l'horizon stratigraphique
occupé par notre espèce est bien supérieur à celui du *Natica excavata*. Dans ces
conditions, la distinction a beaucoup moins d'inconvénients qu'une assimilation
incertaine.

Coquand a nommé *Natica macromphala* un Gastéropode du Cénomanien des environs de Batna, qui semble avoir d'assez grandes analogies avec le *N. subexcavata*,
notamment en ce qui concerne la largeur de l'ombilic et la carène qui l'entoure.
Mais, d'autre part, Coquand signale son espèce comme étant plus haute que
large, non renflée et à spire assez allongée. Ces caractères, qui ne concordent plus
du tout avec ceux du *N. subexcavata*, suffisent pour l'en séparer nettement.

Les moules de *Natica subexcavata* ne sont pas rares dans les marnes cénoma-

niennes de Bou-Saada. Comme les exemplaires de cette localité aident beaucoup à
la connaissance de l'espèce, nous en avons fait figurer un de la plus grande taille,
en même temps qu'un autre individu de Tunisie.

Tunisie : Djebel Meghila (sommet), zone inférieure. — Étage cénomanien.

Natica Martini d'Orbigny *Pal. franç.*, Gastérop., 164, t. 174, fig. 5 [1842].

Nous possédons plusieurs moules en médiocre état, provenant de la
craie supérieure des hauts-plateaux, qui présentent bien la taille, la forme
générale et tous les caractères de ces moules si abondants dans la craie
à Hippurites supérieure de la Provence, auxquels d'Orbigny a donné le
nom de *Natica Martini*. La spire est assez courte; les tours larges, convexes,
en gradins très saillants les uns au-dessus des autres et munis, à la base,
d'un large méplat formant un angle droit avec le reste du tour. L'ombilic
est étroit, mais assez profond et l'ouverture buccale est semi-lunaire.

Ces moules, en raison de l'existence d'un méplat à la base des tours, ont une
certaine analogie avec ceux de Tunisie que nous rapportons aux *Ampullina bulbiformis* et *A. Requieni*, mais ils s'en distinguent bien nettement par leur taille plus
petite, leur plus grande largeur relative, leur spire beaucoup plus courte, leurs
tours plus convexes, moins hauts et non canaliculés en dessous vers la suture.

Depuis longtemps nous avions recueilli, en Algérie, dans l'étage danien du Kef
Matrek, de nombreux individus que nous avions attribués au *Natica Martini* des
Martigues. Ceux de Tunisie sont bien identiques à ces individus. Ils ont été trouvés
également dans la craie supérieure.

Tunisie : Chebika; Bir Oum-el-Djaf. — Étage danien.

Natica sp.

M. Thomas a rencontré dans la couche à Trigonies du Djebel Oum-Ali
(étage albien supérieur) deux moules de Natices que nous n'avons pu
déterminer, en raison de leur mauvais état de conservation. Ils sont de
petite taille, de forme assez allongée et ont la spire assez saillante. Ils rappellent le *Natica lævigata* d'Orbigny, de l'étage néocomien.

Nous mentionnons ici ces individus sans nom spécifique, nos matériaux étant insuffisants.

Genre AMPULLINA Lamarck [1821].

Ampullina bulbiformis Sowerby sp.; Nob. pl. XIX., fig. 22. — *Natica bulbiformis*
 Sowerby in *Trans. geol. Soc.*, III, t. 12, fig. 38 [1831]. — *N. bulbiformis* d'Orbigny
 Pal. franç., Gastérop., 162, t. 42, fig. 3 [1842]. — *N. subbulbiformis* d'Orbigny
 Prodr., 191 [1847]. — *Ampullina bulbiformis* Stoliczka *Revis. der Gastrop. der Go-
 sausch.*, 146 [1865].

Les fossiles de Tunisie et d'Algérie que nous désignons sous ce nom ne
sont tous que des moules intérieurs. Il y a donc une certaine réserve à

apporter dans l'indication de cette espèce importante. Toutefois les caractères de ces moules correspondent si bien à ceux de l'*Ampullina bulbiformis*, que nous ne conservons aucun doute sur l'exactitude de cette détermination. C'est bien la même forme générale, les tours déprimés, très peu convexes, hauts, très saillants, en gradins les uns au-dessus des autres et profondément canaliculés en dessous vers la suture. L'ouverture est haute, arrondie en avant et anguleuse à la base. Contrairement à ce que l'on voit dans la coquille elle-même, le moule est un peu ombiliqué, mais il est facile de voir que ce vide ombilical était rempli par la callosité columellaire, laquelle ne laissait subsister aucune dépression à l'extérieur.

Nous possédons de nombreux et excellents spécimens de l'*A. bulbiformis*, les uns recueillis par nous-même à Uchaux, les autres provenant de la craie à Hippurites de Gosau, qui nous ont été donnés par M. Zittel. Parmi ces derniers qui, contrairement à ceux d'Uchaux, sont remplis par la gangue calcaire, nous en avons choisi un se rapprochant de la taille, assez grande en général, de nos individus de Tunisie et, malgré la forte épaisseur de la coquille, nous avons pu dégager le moule interne sur une partie suffisante de la surface, en particulier vers la columelle. Nous avons pu ainsi reconnaître que ce moule était assez fortement ombiliqué, comme nos spécimens de Tunisie.

En Europe, l'*A. bulbiformis* se trouve à plusieurs niveaux successifs, depuis les grès turoniens d'Uchaux jusqu'à la craie à Hippurites supérieure de Provence et des Corbières.

Dans le Nord africain, c'est vers la base de la craie supérieure que l'espèce se montre habituellement et presque toujours assez abondamment. En Algérie nous l'avons rencontrée dans l'étage campanien, mais beaucoup plus fréquemment dans le Santonien.

Coquand n'a pas mentionné cette espèce dans ses catalogues, ce qui peut surprendre en raison de son existence dans de nombreuses localités. Aussi pensons-nous que ce pourrait être ce même moule qu'il a nommé *Natica Gervaisi*. Sa courte description indique en effet que, par sa forme allongée, son ombilic étroit et ses tours saillants en gradins étagés, le *N. Gervaisi* se rapproche des moules que nous rapportons à l'*Ampullina bulbiformis*. Cependant, si notre supposition était justifiée, il faudrait admettre que, dans l'ouvrage de Coquand, le dessinateur aurait bien mal rendu la forme du fossile. La figure, en effet, nous montre des tours assez convexes et surtout une ouverture moins élargie et moins arrondie à la partie antérieure qu'on ne le voit dans nos exemplaires. Il semble très probable, d'après la seule inspection de cette figure, que le dernier tour du type représenté n'était pas complet. Il devait être tronqué un peu obliquement à la partie antérieure.

L'*A. bulbiformis* étant un fossile très important en raison de l'étendue de son aire géographique, et d'autre part l'identité des moules que nous rapportons à cette espèce pouvant être discutée, nous avons jugé utile d'en faire figurer un spécimen.

Algérie : Medjèz-el-Foukani ; Bordj-bou-Areridj ; Djelfa ; Nza-ben-Messaï ; Tebessa, etc.

Tunisie : Djebel Dagla près Feriana; Khanget Goubel; Khanget Tefel; Khanget
Oguef; Djebel Mezouna; Djebel Sidi-bou-Ghanem; Djebel Oum-Debban (?). Assez
abondant. — Étages santonien et turonien.

Ampullina cf. **Requieni** d'Orbigny sp. — *Natica Requieniana* d'Orbigny *Pal. franç.*,
    Gastérop., 161, t. 174, fig. 2 [1842].

Nous rapprochons du *Natica Requieniana* d'Orbigny, des grès d'Uchaux,
un moule unique recueilli dans l'étage cénomanien de Tunisie. Ce moule
présente bien la forme toute particulière de cette espèce dont les tours,
très anguleux à la base, forment un large gradin au-dessus des tours antérieurs. La surface des tours est plane et même déprimée dans la moitié
postérieure, un peu gibbeuse, comme anguleuse au milieu et déprimée
de nouveau dans la partie antérieure. L'ouverture buccale est largement
arrondie en avant et étroite à la base; l'ombilic est assez ouvert.

Les seules différences que nous constatons entre notre moule et les
types d'*Ampullina Requieni* des grès d'Uchaux, c'est que, dans celui-là, la
forme est relativement moins allongée et plus large. Le dernier tour est
un peu moins haut et l'ombilic semble plus grand que ne le comporte la
forme assez étroite de l'*A. Requieni*.

M. Stoliczka[1] semble douter que l'*A. Requieni* soit réellement distinct de l'*A. bulbiformis*. En fait, les figures de la *Paléontologie française* ne laissent guère voir de
différence que dans l'ombilic. Cependant la forme des tours est bien différente. Le
gradin inférieur est plus large et la base du tour plus carrée. Quand on compare
de bons spécimens des deux espèces, on en fait très facilement la distinction.

Tunisie : Djebel Taferma (Kef Nador). — Étage cénomanien.

Genre **TYLOSTOMA** Sharpe [1849].

Tylostoma cf. **elatius** Coquand. — *Natica elatior* Coquand *Géol. et pal. rég. sud
    prov. Constantine*, 179, t. 3, fig. 5 [1862]. — *Tylostoma elatius* Coquand *Études
    suppl.*, 52 [1879].

C'est un moule très fruste et dont l'ouverture est incomplète, que nous
rapprochons du *Tylostoma elatius* de Coquand. Il en a bien la forme générale; mais, comme le niveau indiqué par Coquand pour son espèce n'est
pas le même que celui de notre moule, nous devons nous borner à un
simple rapprochement.

Le moule qui nous occupe a été rencontré au Djebel Roumana, dans les couches
cénomaniennes inférieures.

---

[1] *Cret. Fauna of South India*, Gastéropodes, 295.

Tylostoma aff. **æquiaxis** Coquand; Nob. pl. XIX , fig. 23. —*Natica æquiaxis* Coquand
Géol. et pal. rég. sud prov. Constantine, 179, t. 3, fig. 6 [1862].

DIMENSIONS.

Longueur, 70 millimètres; largeur, 54 millimètres.

Moule intérieur de taille assez grande, naticiforme, lisse et sans ornements visibles. Spire courte, composée de quatre tours convexes, contigus,
non canaliculés sur la suture, ne formant qu'une légère saillie les uns au-
dessus des autres. Dernier tour très grand, arrondi, globuleux, à surface
pleine et lisse, sans impressions dentaires ni saillies quelconques. Ouverture large, arrondie, auriforme, sans doute un peu incomplète. Les traces
du péristome ne sont pas visibles dans notre individu. Il est impossible
d'apprécier quelle en était la véritable forme. C'est donc seulement en
raison de la taille du fossile et de l'absence d'impression dentaire, que
nous estimons qu'il doit être placé dans les *Tylostoma* plutôt que dans les
Natica, les *Pterodonta* ou tout autre genre voisin.

Le moule que nous venons de décrire semble avoir de grands rapports avec le
Natica æquiaxis Coquand. Cependant ce dernier, qui n'est d'ailleurs que très peu
connu, a son dernier tour relativement moins haut, plus renflé et élargi. En outre,
ce tour est pourvu à la partie antérieure d'une échancrure canaliforme, qui fait
rentrer l'espèce de Coquand dans les *Tylostoma*, mais que nous ne voyons pas
dans notre individu.

Comparé au *Tylostoma Cossoni* que nous décrivons ci-après, celui qui nous
occupe est plus globuleux et à spire bien plus courte.

Tunisie : Djebel Sidi-bou-Ghanem. — Étage santonien.

Tylostoma Cossoni Thomas et Péron, pl. XIX , fig. 24 et 25.

DIMENSIONS DU PLUS GRAND SPÉCIMEN.

Longueur, 90 millimètres; largeur du dernier tour, 70 millimètres.

Coquille de grande taille, épaisse, ventrue, naticiforme. Spire courte,
composée de cinq tours convexes, contigus, enveloppants, croissant régulièrement et faisant très peu saillie les uns au-dessus des autres. Dernier
tour très grand, absorbant les deux tiers de la longueur totale de la coquille. Labre épaissi, réfléchi au dehors, débordant sur l'avant-dernier
tour, se recourbant à la partie antérieure et se projetant en avant, de manière à former une sorte de canal très court, large et évasé. Ombilic assez
grand, rempli et masqué par une callosité columellaire. Surface de la coquille lisse, sans autre ornementation que de fines et nombreuses stries
d'accroissement.

Aucun de nos individus, qui ne sont que partiellement pourvus de leur
test, ne montre l'empreinte d'une dent interne du labre. En cela, ils
s'éloignent des *Pterodonta* dont ils ont l'aspect général, pour se placer

dans le genre *Tylostoma*. L'un d'eux montre, sur le dernier tour, une petite crête saillante longitudinale qui se reproduit sur le moule et qui représente la trace d'un des précédents péristomes.

Notre espèce est incontestablement voisine par sa forme du *Pterodonta inflata* d'Orbigny, des grès du Maine. Cependant elle est relativement plus courte, plus ventrue, à tours moins nombreux et à angle spiral moins aigu.

La partie antérieure du labre, assez arrondie, ne présente pas de sinus comme le type du *P. inflata* figuré par d'Orbigny. Enfin, dans ce dernier, les empreintes dentaires sont très prononcées et assez rapprochées pour qu'on en trouve deux sur le dernier tour.

M. Bayle a assimilé au *P. inflata* un moule intérieur que Fournel avait recueilli au sud de Batna, mais, ce savant n'admettant pas le genre *Pterodonta* créé par d'Orbigny, c'est sous le nom de *Pterocera inflata* que le fossile en question a été mentionné. Par là, M. Bayle a créé un double emploi du même nom, car déjà d'Orbigny avait donné ce nom de *Pterocera inflata* à une autre coquille bien différente du *Pterodonta inflata*. En 1862, Coquand a replacé le fossile de Fournel dans les *Pterodonta*; mais il n'a pas admis son identité spécifique avec l'espèce des grès du Maine et lui a donné le nom nouveau de *Pterodonta subinflata*. Il est à remarquer qu'en cela Coquand semble avoir obéi à une simple idée systématique. Il n'explique en aucune façon le motif du changement de dénomination. Il n'a pas eu connaissance directe de ce fossile et n'a fait que reproduire la diagnose de deux lignes donnée par M. Bayle. Seulement, il a eu l'occasion de constater que le gisement de Nza-ben-Messaï, d'où provenait le fossile, devait être placé non pas dans l'étage cénomanien comme on l'avait supposé d'abord, mais bien à la base de l'étage sénonien et cette modification dans l'horizon stratigraphique l'a seule déterminé à ne pas admettre l'identité spécifique reconnue par M. Bayle.

Pour nous, qui avons pu retrouver ce même Ptérodonte dans le Santonien d'Algérie et en examiner de bons exemplaires, nous nous garderons d'être aussi affirmatif. Nous n'avons en résumé, pour résoudre la question, que des moules intérieurs. Dans ces conditions, il est difficile de se prononcer avec sécurité. Nous devons seulement reconnaître que ces moules semblent avoir la plus complète analogie avec ceux du *Pterodonta inflata* d'Orbigny. Nous avons même un exemplaire, de taille un peu grande, qui, outre les caractères généraux de forme déjà signalés par M. Bayle, montre une empreinte dentaire très nette près du bord de l'ouverture et cette empreinte est étroite, allongée, oblique, comme celle que l'on observe sur les moules de la Sarthe.

Cette discussion sur le *Pterodonta subinflata* Coquand, nous a paru indispensable pour prévenir toute confusion entre cette espèce et la nôtre. Il est à remarquer en effet que, de même que celui-ci, notre *Tylostoma Cossoni* habite au-dessus de l'étage cénomanien. Comme le plus souvent on n'en rencontre que des moules incomplets ou même de simples fragments, on peut très bien prendre une espèce pour l'autre.

Nous ne connaissons d'ailleurs pas d'autre Gastéropode avec lequel le *T. Cossoni* puisse être confondu. Il existe bien, dans les marnes turoniennes à *Linthia Verneuilli* de la Provence, un moule qui présente une grande ressemblance avec le nôtre, mais ce moule, qu'on a mentionné, peut-être à tort, comme un Ptérodonte, n'a pas encore été étudié.

Le *Tylostoma Cossoni* ne paraît pas être très rare au Djebel Meghila. Nous en avons entre les mains quatre individus plus ou moins complets. Celui que nous avons fait dessiner est d'ailleurs rétabli, pour une partie, d'après un second individu de taille égale.

Cette belle espèce est dédiée à M. Cosson, l'éminent Président de la Mission de l'exploration scientifique de la Tunisie.

Tunisie : Djebel Meghila (sommet), zone supérieure. — Étage turonien.

Genre **GLOBICONCHA** d'Orbigny [1842].

Globiconcha incerta Thomas et Peron, pl. XX, fig. 1.

DIMENSIONS.

Hauteur, 100 millimètres; largeur, 100 millimètres. — Exemplaire unique.

Moule de grande taille, globuleux, aussi large que haut, arrondi dans son ensemble. Spire très courte, composée de tours peu saillants, convexes. Dernier tour très embrassant, occupant les 9/10 de la hauteur totale; surface des tours lisse, marquée seulement de stries d'accroissement qui ont laissé des traces visibles sur le moule interne. Ombilic bien ouvert, à bord arrondi, sans plis ni dents visibles. Ouverture étroite, incomplète d'ailleurs sur notre exemplaire et ne montrant aucun indice d'un labre prolongé en arrière ou pourvu de digitations. Aucune trace de canal antérieur, ni même de sinus.

C'est avec quelque doute que nous classons ce fossile parmi les *Globiconcha*. Il en a les caractères essentiels, mais il est incomplet et nous ne connaissons pas la forme réelle du péristome. Sa forme très globuleuse le distingue assez nettement des *Tylostoma*. Il ressemble un peu aux moules de *Strombus inornatus*, mais sa partie antérieure non caniculée et largement ombiliquée l'éloigne franchement de cette espèce. Le *S. inornatus* est d'ailleurs un fossile assez abondamment représenté en Tunisie, mais à un niveau bien inférieur.

L'espèce la plus voisine semble être le *Globiconcha ponderosa* Coquand, de l'étage cénomanien de Tebessa. Notre individu s'en distingue par sa forme plus haute, moins ventrue et par sa taille bien plus grande.

Tunisie : Djebel Sidi-bou-Ghanem. — Étage santonien.

Globiconcha ponderosa? Coquand *Synopsis anim. foss. form. second. Charente*, in *Bull. Soc. géol. France*, sér. 2, XVI, 955 [1859]. — *Globiconcha ponderosa* Coquand *Géol. et pal. rég. sud prov. Constantine*, 178, t. 4, fig. 8 [1862].

Quelques moules intérieurs, en mauvais état, incomplets et même déformés, nous ont paru très probablement appartenir au *Globiconcha pon-*

derosa Coquand, espèce du Cénomanien des environs de Tebessa. Ces moules proviennent d'El-Aïeïcha et ont été également recueillis dans les couches cénomaniennes.

PYRAMIDELLIDÆ.

Genre **PYRAMIDELLA** Lamarck [1799].

Pyramidella Gaudryi Thomas et Peron, pl. XIX, fig. 26, 27, 27 *bis*.

DIMENSIONS DU PLUS GRAND EXEMPLAIRE.
Longueur, 45 millimètres; largeur, 20 millimètres.

Moule intérieur allongé, conique, lisse. Spire croissant régulièrement, lentement, composée de tours nombreux, étroits, se recouvrant à peu près par moitié, canaliculés en dessous. Notre plus grand individu, un peu tronqué vers la pointe de la spire, compte dix tours de spire. Il devait en avoir douze ou treize. Le dernier tour a une hauteur double de celle des tours précédents. Le moule est étroitement ombiliqué. La columelle montre, sur quelques individus, un pli unique, peu saillant. Le canal est court et étroit.

La plupart des exemplaires assez nombreux que nous possédons sont déformés et comprimés dans le sens de la longueur, de telle sorte que la spire paraît plus ou moins courte et les tours plus ou moins étroits et resserrés. Quelquefois ils semblent presque complètement emboîtés les uns dans les autres.

Cette espèce a une très grande analogie avec le *Pyramidella canaliculata* d'Orbigny, des grès d'Uchaux. Cependant le dernier tour est relativement moins haut; la spire est plus allongée; les tours, qui sont plus nombreux, font une saillie moins prononcée les uns au-dessus des autres. Aussi, après une comparaison rigoureuse avec des échantillons nombreux d'Uchaux que nous possédons, nous avons dû séparer ces deux types.

Nous ne connaissons, ni en Algérie, ni en Tunisie, aucun autre représentant du genre *Pyramidella*. Nous dédions cette nouvelle espèce à M. Albert Gaudry, l'éminent professeur de paléontologie au Muséum.

Tunisie : El-Aïeïcha (assez abondant). — Étage cénomanien.

NERINEIDÆ.

Genre **NERINEA** Defrance [1825].

Nerinea cf. **Utrillasi** de Verneuil et de Lorière. — *Nerinea clavus* Coquand *Mon. pal. Ét. aptien Espagne*, 255, t. 5, fig. 1, 2 [1863]. — *N. Utrillasi* de Verneuil et de Lorière *Descr. foss. Néoc. sup. Utrillas*, 16, t. 2, fig. 16 [1868].

Plusieurs fragments, courts et insuffisants pour une détermination ri-

goureuse, nous paraissent difficiles à distinguer du *Nerinea Utrillasi* des
couches à lignites de la province de Teruel, en Espagne. Ils en présentent
bien la spire très allongée, les tours concaves, les côtes interrompues,
tuberculeuses et inégales.

Le nom de *Nerinea Utrillasi* a été donné par MM. de Verneuil et de Lorière au
même fossile que Coquand avait précédemment nommé *N. clavus*. La raison de ce
changement est que ce dernier nom spécifique avait été déjà employé pour une
Nérinée de l'étage oxfordien de Normandie.

Il est à remarquer que des différences sensibles existent entre la description
du *N. clavus* et celle du *N. Utrillasi*. Ces différences, toutefois, ne portent que sur
des détails d'ornementation qui paraissent susceptibles de variations assez étendues; nous avons pu nous en convaincre par l'examen de bons exemplaires de
l'espèce, que Coquand a bien voulu nous donner, et, en conséquence, nous
sommes convaincu, comme MM. de Verneuil et de Lorière, qu'il n'y a bien là
qu'une seule et même espèce.

Le niveau attribué par les auteurs précités à leur *N. Utrillasi* est l'étage aptien, ou le Néocomien supérieur. Ce niveau serait sensiblement inférieur à celui
des fossiles de Tunisie que nous rapprochons de la même espèce; mais, comme
nous l'avons fait connaître, il résulte des études de M. Choffat que le niveau
d'une grande partie au moins des couches d'Utrillas doit être remonté jusqu'à
l'Albien et même au Vraconnien. Dans ces conditions, le désaccord cesse complètement.

Tunisie : Djebel Oum-Ali. — Étage albien supérieur.

Nerinea bicatenata Coquand; Nob. pl. XIX, fig. 28, 29, 29 *bis*. — *Études suppl.*, 50
[1879].

Coquand a donné le nom de *Nerinea bicatenata* à un fossile recueilli par
M. Brossard dans le terrain cénomanien de la subdivision de Sétif. La diagnose,
qui ne comprend que quatre lignes, est très sommaire. Comme elle n'est, en
outre, appuyée d'aucune figure, il est fort difficile de reconnaître sûrement cette
espèce. Il est à remarquer, en outre, que Coquand a décrit la coquille elle-même,
tandis que très généralement c'est le moule intérieur seulement que l'on rencontre.

Dans ces conditions, quoique depuis bien longtemps nous ayons recueilli en abondance les moules en question dans les localités mêmes qu'avait explorées M. Brossard, nous n'avions pu les rapporter aux espèces connues de Coquand et nous leur
avions attribué, dans notre collection, un nom spécial. Mais ce même moule vient
d'être recueilli en grand nombre par M. Ph. Thomas dans le sud de la Régence,
et, sur quelques individus mieux conservés que les nôtres, on peut observer de
notables parties du test. Dès lors, en comparant ces individus avec le *Nerinea
bicatenata* de Coquand et en tenant compte des localités et des niveaux occupés,
nous avons acquis la conviction que nos moules et ceux de M. Thomas appartiennent bien à cette espèce.

En conséquence, conformément aux principes et par les motifs exposés dans notre introduction au présent mémoire, nous nous sommes empressé d'adopter le nom imposé par Coquand, à l'exclusion de celui que nous avions employé nous-même.

Le caractère principal du *N. bicatenata* consiste dans ses tours de spire fortement excavés au milieu, renflés vers la suture et garnis sur chaque bord d'une rangée de nodosités assez petites, serrées et non allongées.

Cette même ornementation se retrouve, assez semblable, dans une autre Nérinée précédemment décrite par Coquand sous le nom de *N. gemmifera*. Toutefois, si nous nous reportons à la description de cette dernière, nous voyons que l'auteur place la suture des tours dans la grande dépression et que, au contraire, les rangées de tubercules sont placées au milieu des tours et seulement séparées en régions égales par une dépression linéaire. Il y a ici une erreur évidente du descripteur. Les analogies constantes qu'on rencontre sur un nombre considérable de Nérinées le prouvent avec évidence. D'ailleurs la figure même que Coquand a donnée du *Nerinea gemmifera* [1] le montre suffisamment. La suture des tours n'est pas située au milieu de la dépression en gorge de poulie, comme le dit l'auteur, mais bien à cette ligne qui occupe le milieu de la saillie des tours et sépare les deux rangées de tubercules latéraux.

Coquand a recueilli le *Nerinea gemmifera* au col de Sfa près Biskra, à un niveau qu'il attribue à son étage provencien. Nous avons déjà, à plusieurs reprises, fait observer que cette partie du col de Sfa doit être rapportée au Cénomanien supérieur; sous ce rapport donc il n'y a pas de différence entre les *N. gemmifera* et *N. bicatenata*. A la vérité, Coquand a annoncé avoir aussi recueilli le premier de ces fossiles dans le même étage provencien, à Mazaugues (Var). Sur ce dernier fait nous n'avons pas de renseignements précis et nous devons nous réserver; mais nous avions toujours supposé que la Nérinée bigemmée de la craie à Hippurites de Mazaugues devait être la même que celle qu'on rencontre au même niveau dans la Provence et les Corbières, c'est-à-dire le *Nerinea Pailletteana* d'Orbigny, qui présente avec le *N. gemmifera* une grande analogie. Coquand n'a comparé son *N. gemmifera* qu'avec les *N. Coquandi* et *N. monilifera*. Il eût été, à notre avis, aussi utile de le comparer au *N. Pailletteana* et même au *N. Fleuriausi*, espèces fort analogues par leur mode d'ornementation et la forme de leurs tours.

Ce qui paraît différencier le *N. bicatenata*, tel que nous le connaissons, du *N. gemmifera* Coquand, c'est que, dans celui-ci, la spire est plus courte et les tubercules plus gros. Cependant, à en juger d'après quelques-uns de nos moules, il y a certainement, en ce qui concerne l'allongement de la coquille, des degrés intermédiaires entre l'espèce de Coquand et la forme la plus fréquente du *N. bicatenata*. En conséquence et pour tous les motifs que nous venons d'énoncer, nous estimons qu'il est fort possible que les *N. gemmifera* et *N. bicatenata* ne soient qu'une seule et même espèce.

Si maintenant nous examinons le moule du *N. bicatenata*, un doute naît dans

---

[1] *Géol. et pal. rég. sud prov. Constantine*, t. 4, fig. 4.

notre esprit au sujet de son assimilation avec une autre espèce également décrite par Coquand, mais sur un simple moule. Le moule du *N. bicatenata* n'a jamais été décrit. Comme on le rencontre beaucoup plus fréquemment que la coquille elle-même, il est utile de le faire connaître.

Les tours, assez larges, comprennent en avant, dans la partie la plus rapprochée de la bouche, un bourrelet saillant, caréné, lisse, qui ne montre aucune trace des tubercules externes de la coquille. Immédiatement au-dessous règne un canal profond, large, correspondant à un pli épais et tronqué carrément qui existait dans le haut et à l'intérieur du labre. Au delà de ce canal, il existe une partie plane, se relevant sensiblement en arrière, de manière à former sur la limite inférieure du tour une deuxième saillie anguleuse, qui se trouve en contact avec la carène supérieure du tour suivant. Dans cette partie en plan incliné, on remarque le plus souvent encore une légère dépression canaliculaire, beaucoup moins prononcée que la première et qui indique toutefois l'existence d'un deuxième pli, très peu saillant et très étroit, sur la partie interne du labre.

Ce moule a de l'analogie avec celui de beaucoup d'autres Nérinées, notamment avec les *N. bisulcata* d'Archiac, *N. Pauli* Coquand, etc. Mais il n'y a lieu d'insister ici que sur les rapports de notre moule avec celui d'Algérie que Coquand a appelé *Nerinea Parisi*.

Le *N. Parisi* Coquand, provient, comme le *N. gemmifera*, du Cénomanien supérieur du col de Sfa. L'inspection de la figure que l'auteur en a donnée montre qu'il ne s'agit que d'un moule intérieur, quoique la description ne le dise pas et puisse laisser du doute à cet égard. Les tours sont très déprimés au centre et leur forme générale semble être celle du *N. gemmifera*. Toutefois l'angle spiral est bien plus aigu. Ce moule de *N. Parisi* a une grande analogie avec nos moules de *N. bicatenata*, mais son dessin ne montre pas, vers le haut du tour, le sillon profond que nous avons signalé dans ces derniers. Cependant, d'après la description un peu vague et même discordante de l'espèce, ce sillon existerait. La diagnose de Coquand dit, en effet : «Coquille allongée, non ombiliquée, composée de tours lisses, débutant par un bourrelet saillant qui repose sur un canal linéaire et terminés par une partie plate plus large.» Cette diagnose, comme on le voit, s'adapte bien à nos exemplaires. Elle permet d'admettre que le dessinateur n'a peut-être pas rendu bien fidèlement les caractères du modèle ou que, peut-être, la description n'a pas été faite d'après le type figuré. On sait en effet que, suivant l'âge et la taille, la forme et la profondeur des sillons sur les moules de Nérinées varient considérablement. Il suffit, pour s'en convaincre, d'examiner une série de moules du *Nerinea Desvoidyi* ou d'une autre espèce voisine.

Donc, en résumé, il y a de fortes présomptions pour que l'espèce précédemment décrite par Coquand sous le nom de *N. Parisi* ne soit que le moule de la coquille qu'il a ultérieurement nommée *N. bicatenata*. S'il en est réellement ainsi, ce dernier nom devrait disparaître, le premier étant le plus ancien. Mais, pour adopter cette détermination, une simple présomption ne peut suffire. En attendant que d'autres échantillons du *N. Parisi* bien probants aient été recueillis au col de Sfa même, nous préférons conserver la dénomination de *N. bicatenata* qui nous représente un type mieux connu et plus nettement défini.

Les moules du *N. bicatenata* sont, comme nous l'avons dit, fréquents dans le Cénomanien de certaines régions de l'Algérie. Nous ne les connaissons ni de Batna, ni de Khenchela, ni de Tebessa, mais ils abondent dans le cercle de Bou-Saada et jusque dans le Djebel Bou-Kahil.

En Tunisie, cette espèce paraît être aussi très fréquente, et, comme on peut le voir ci-dessous, les localités où M. Thomas l'a rencontrée sont nombreuses.

Le *N. bicatenata* n'ayant pas encore été figuré, nous en avons fait représenter un individu du Djebel Ceket[1], possédant une partie de son test, un moule intérieur de la même localité et un autre moule provenant, comme celui de Coquand, des environs de Bou-Saada. Ce dernier, que nous avons choisi avec intention, présente une forme un peu plus allongée que la plupart des autres moules du même gisement, et un angle spiral plus aigu.

Tunisie : Djebel Ceket; Djebel Oum-Debban; Djebel Cehela (zone à *Strombus*); El-Aïeïcha (versant sud); Djebel Taferma (Kef Nador); Djebel Oum-Ali (zone supérieure); Djebel Chambi. — Étage cénomanien.

Nerinea nerinæformis Coquand sp.; Nob. pl. XIX, fig. 3o. — *Turritella nerinæformis* Coquand *Géol. et pal. rég. sud prov. Constantine*, 176, t. 3, fig. 2 [1862]. — *Turritella nerinæformis* Lartet *Géol. Palestine* in *Annales sc. géol.*, III, t. 42 [1873]. — *Nerinea Calabro-Sicula* Seguenza *Studi geol. e pal. sul cret. medio*, 117, t. 5, fig. 4 [1878]. — *Turritella nerinæformis* Coquand *Études suppl.*, 449 [1879].

Coquand a décrit, sous le nom de *Turritella nerinæformis*, un Gastéropode du Cénomanien de Tenoukla, dont il a méconnu les véritables caractères génériques. Nous possédons, provenant de cette même localité, plusieurs exemplaires de ce même fossile et nous avons reconnu qu'ils n'avaient pas seulement, comme Coquand l'a indiqué par le nom spécifique qu'il a adopté, la forme apparente des Nérinées, mais qu'ils en avaient réellement les caractères propres. Il est manifeste que, dans la planche 3, figure 2, de l'ouvrage de Coquand, le dessinateur a mal représenté la forme de l'ouverture. Les sillons de la columelle correspondant aux plis intérieurs de la coquille peuvent avoir été invisibles sur des moules dont l'ombilic est le plus souvent encroûté; mais ce qui est inadmissible, c'est que le sillon profond qui creuse le milieu des tours, dans tout leur développement, et qui est si bien indiqué dans le type de Coquand, ne se traduise pas, dans la section terminale du tour, par une sinuosité sur le contour externe de cette section.

---

[1] Sur le dessin de cet exemplaire les tubercules sont un peu trop aigus et trop grêles.

Tous nos exemplaires, en effet, montrent nettement cette sinuosité très prononcée qui étrangle l'ouverture. En outre, sur l'un d'eux, nous pouvons voir que, du côté de la columelle, il existait deux plis inégaux : l'un, assez petit, à la partie antérieure du tour; l'autre, plus gros, vers la base du tour. Le pli du labre, qui se trouve sensiblement au milieu du tour, correspond au milieu de l'intervalle entre les deux plis columellaires. Enfin deux légers sillons se montrent à la partie antérieure du tour, l'un au-dessus du bord externe, vers la suture, l'autre sur le bord columellaire. Il est donc évident que le fossile en question doit être placé dans les Nérinées et non dans les Turritelles.

Dans ses études sur le Crétacé moyen du sud de l'Italie, M. Seguenza a décrit, sous le nom de *Nerinea Calabro-Sicula*, un fossile qui nous paraît être évidemment le même que le *Turritella nerinæformis* de Coquand. Le savant italien ne mentionne pas cette ressemblance, qu'il ne semble pas avoir soupçonnée, mais il est vraisemblable qu'il en a été détourné par la constatation des caractères génériques de son fossile, caractères dont il ne pouvait pas deviner l'existence dans le fossile de Tenoukla.

Tous les caractères du moule de *Nerinea Calabro-Sicula* sont bien ceux de notre espèce : apparence générale, longueur de la spire, mode d'enroulement, forme étranglée du tour, etc. Dans le spécimen figuré par Seguenza, cependant, les deux moitiés convexes du tour semblent un peu plus arrondies extérieurement que dans le type de Coquand; mais nous avons pu nous convaincre que, sous ce rapport, nos moules sont très variables et que le plus souvent même ils se rapprochent davantage du type de Seguenza.

Il n'est donc pas douteux pour nous que les deux espèces doivent être réunies. L'horizon stratigraphique habité est d'ailleurs le même pour l'une et l'autre, et les autres fossiles qui les accompagnent sont semblables.

Dans ces conditions, nous avons été amené à examiner quel nom devait en définitive rester au fossile en question. C'est, en résumé, à Coquand qu'on en doit la première connaissance et, quoique les caractères génériques aient été méconnus par ce savant et que, d'autre part, le nom spécifique qu'il a choisi devienne un non-sens par suite du changement de genre, nous ne croyons pas avoir le droit de changer ce nom.

Le *Nerinea nerinæformis* ne semble pas commun, pas plus en Tunisie qu'en Algérie. M. Thomas n'en a rencontré que deux spécimens qui viennent des couches cénomaniennes du Foum-el-Guelta, dans le Djebel Meghila. Ces deux individus sont bien semblables au type, mais les caractères génériques n'y sont pas assez accentués pour qu'il y ait utilité à les figurer. Aussi nous croyons devoir leur substituer un individu des environs de Tebessa, qui montre beaucoup mieux ces caractères.

Tunisie : Djebel Meghila (Foum-el-Guelta). — Étage cénomanien.

Nerinea Reboudi Thomas et Peron, pl. XIX, fig. 31.

Espèce connue seulement par son moule intérieur.

Elle est très longue, de diamètre assez petit, presque cylindrique. Tours assez étroits, ombiliqués, un peu évidés au milieu et divisés en deux parties égales par une gorge en canal, bien marquée, large et assez profonde. Les deux parties du tour sont déclives du côté de ce canal et carénées vers la suture qui se trouve au milieu d'un léger renflement. Cette suture est très accentuée et profonde, presque autant que le canal médian.

Cette espèce diffère des moules de *Nerinea bicatenata*, en ce que le canal qui sillonne les tours est situé au milieu de ces tours, au lieu d'être rapproché du bord antérieur. En outre, les tours sont bien moins évidés au milieu, le bourrelet sutural est bien moins saillant, la spire plus longue, les tours plus nombreux, etc.

Le moule que d'Archiac [1] a décrit sous le nom de *Nerinea bisulcata* présente des tours d'une forme assez analogue à celle des tours du *N. Reboudi*; néanmoins dans l'espèce de la craie des Charentes, les tours sont plus larges, bien plus évidés au milieu, avec un bourrelet sutural plus saillant. Cette espèce est en outre toujours de taille plus grande. Il est à remarquer, à propos du *N. bisulcata*, que d'Archiac, dans sa description de l'espèce, a commis la même inadvertance que Coquand dans celle du *N. gemmifera*. En effet, il place la suture des tours dans le grand sillon médian, au lieu de la placer au milieu de la saillie du bourrelet. Cependant l'inspection de la figure 17[b] de cet auteur, qui représente une coupe du moule en question, montre bien la véritable place de la suture.

La coquille du *N. Reboudi* devait avoir, par sa forme, une certaine analogie avec celle du *N. subpulchella* d'Orbigny [2], qu'on rencontre dans la craie de Provence. Toutefois cette dernière est encore plus grêle et plus étroite, au moins dans tous les spécimens que nous en connaissons.

Quelque médiocres que soient les matériaux sur lesquels nous l'établissons, il nous a paru utile de décrire et de nommer cette espèce. Ses moules prennent, par leur abondance à un même niveau, une certaine importance géologique.

Nous la dédions au regretté docteur V. Reboud, ancien membre de la Mission de l'exploration scientifique de la Tunisie.

Tunisie : Djebel Feriana ; Djebel Dagla (niveau phosphaté). — Étage santonien.

CERITHIIDÆ.

Genre **CERITHIUM** Adanson [1757].

Cerithium Tenouklense Coquand ; Nob. pl. XX, fig. 2. — *Turritella Tenouklensis* Coquand *Géol. et pal. rég. sud prov. Constantine*, 176, t. 4, fig. 6 [1862]; Brossard in *Mém. Soc. géol. France*, sér. 2, VIII, 237 [1867]. — *Cerithium Tenouklense* Coquand *Études suppl.*, 83 [1879].

M. Ph. Thomas a recueilli dans le Djebel Meghila un très bon moule de *Cerithium Tenouklense*. Ce moule comprend neuf tours entiers ; le dernier,

[1] *Formation crétacée du Sud-Ouest* in *Mém. Soc. géol. France*, sér. 1, II, 190, t. 13, fig. 17 [1837].
[2] *Prod.*, II, *N. pulchella* in *Pal. franç.*, Gastérop., 89, t. 101, fig. 4 et 5.

bien complet, montre un canal antérieur médian, court mais bien distinct. Les tours sont arrondis dans la partie supérieure et subcarénés à leur base. Une suture profonde les sépare. Ce spécimen semble relativement plus allongé que le type de Coquand et son angle spiral est un peu plus aigu. En cela, cet individu est un peu intermédiaire entre les *C. Tenouklense* et *C. Gaudæ*, autre espèce du Cénomanien de Batna, qui ne semble se distinguer de la première que par sa longueur plus grande, relativement à la largeur du dernier tour. Cependant, après comparaison avec de bons exemplaires de *C. Tenouklense* que nous possédons, nous n'hésitons pas à rapporter à cette espèce notre moule de Tunisie.

Ce Gastéropode avait été décrit primitivement par Coquand comme une Turritelle, d'après un spécimen provenant de l'étage cénomanien des environs de Tebessa. Plus tard, ce savant, dans ses *Études supplémentaires*, a reporté ce fossile dans le genre *Cerithium*, sans donner aucune explication au sujet de ce changement. C'est d'ailleurs avec raison que cette modification a été introduite, car dans nos spécimens algériens, aussi bien que dans celui de Tunisie, l'existence d'une ouverture canaliculée en avant est facile à constater.

Nous ferons, au sujet de la figure de cette espèce donnée par Coquand, une observation que nous avons eu plusieurs fois l'occasion de répéter : c'est que, dans la figure du *Turritella Tenouklense*, la forme de l'ouverture est infidèlement représentée. D'après la figure, le dernier tour semble bien complet et cependant il n'existe aucune trace de canal. Le bord antérieur de l'ouverture est régulièrement arrondi. En outre, contrairement à ce qui est expliqué dans la description, on ne voit pas, dans la figure, que la coquille soit ombiliquée.

Pour les diverses raisons exposées ci-dessus, nous avons jugé utile de faire figurer un exemplaire de *Cerithium Tenouklense*, pour en montrer les véritables caractères.

Tunisie : Foum-el-Guelta (Djebel Meghila); Djebel Nouba (?). — Étage cénomanien.

Cerithium Encelades Coquand; Nob. pl. XX, fig. 3. — *Turritella gigantea* Coquand *Géol. et pal. rég. sud prov. Constantine*, 175, t. 2, fig. 13 [1862]. — *Cerithium Encelades* Coquand *Études suppl.* [1879]. — *C. portentosum* Coquand *Études suppl.* [1879]. — *C. Encelades* Cotteau, Peron et Gauthier *Descr. Échin. foss. Algérie*, Sénonien, 13 [1881].

Le nom de *Turritella gigantea* a été donné par Coquand à un gros Gastéropode qui lui avait été communiqué et dont il ignorait la provenance exacte. Il l'attribuait à l'étage rhotomagien de Boghar, avec doute. Nous avons fait connaître, en 1881 [1], que cette attribution était inexacte. Ce fossile, dont nous avons rencontré, au nord du petit bordj de Medjèz-el-Foukani, de nombreux exemplaires bien typiques, se trouve dans des couches qui appartiennent au Turonien supérieur ou à la base du Santonien.

---

[1] *Descr. Échin. foss. Algérie*, Étage sénonien, p. 13.

5.

En 1879, Coquand a changé complètement le nom de ce fossile. Il l'a transporté dans le genre *Cerithium*, et, comme il existe déjà un *Cerithium giganteum*, il n'a pu conserver l'ancien nom spécifique et le fossile est devenu le *C. Encelades*.

Comme la figure que l'auteur avait donnée du *Turritella gigantea* n'indiquait aucunement les caractères du genre *Cerithium*, quelques mots d'explication eussent été utiles pour faire connaître les motifs du changement effectué. Coquand ne les a pas donnés. Il convient d'ailleurs de reconnaître de suite que c'est avec raison que ce changement a eu lieu. Dans la figure 13 de la planche 2 de l'ouvrage de Coquand, la partie supérieure du fossile est mal représentée, soit par la faute du dessinateur, soit par suite de l'insuffisance du modèle. Nous avons pu constater, en effet, dans nos exemplaires bien conservés, que l'ouverture, au lieu d'être arrondie et fermée en avant, comme le montre le dessin, est échancrée et terminée par un canal bien prononcé. C'est donc bien dans les *Cerithium* que ce Gastéropode doit prendre place.

A part cette défectuosité dans la représentation de l'ouverture, le fossile est parfaitement reconnaissable. Nous avons seulement encore à signaler un caractère assez important omis par le descripteur, aussi bien que par le dessinateur. C'est un sillon étroit, mais assez profond et bien marqué, qui existe en haut du tour, au pourtour de l'ombilic.

Le *C. Encelades* n'est commun, en Algérie, que dans le gisement que nous avons indiqué ci-dessus. En Tunisie, il paraît être également rare.

En raison du déclassement générique de ce fossile et de la divergence des renseignements au sujet de sa station stratigraphique, nous avons jugé utile de le faire figurer à nouveau, non d'après les spécimens de Tunisie qui ne nous apprendraient rien de plus que la figure de Coquand, mais d'après un spécimen de l'étage santonien le plus inférieur de Medjèz-el-Foukani.

Tunisie : Djebel Aïdoudi (versant sud). — Étage santonien.

Cerithium pustuliferum Bayle sp. ; Nob. pl. XX, fig. 4 et 5. — *Nerinea pustulifera* Bayle in Fournel *Rich. minér. Algérie*, I, 361, t. 17, fig. 6 [1849]. — *Turritella pustulifera* Coquand *Géol. et pal. rég. sud prov. Constantine*, 176, t. 3, fig. 1 [1862]; Nicaise *Catal. anim. foss. prov. Alger*, 68 [1870]; Brossard in *Mém. Soc. géol. France*, sér. 3, VIII, 237 [1867]; Coquand *Études suppl.*, 449 [1879].

Cette espèce, quoique assez répandue dans les couches du Sénonien inférieur du Nord africain, est encore mal connue. Les exemplaires qu'on en rencontre sont toujours incomplets et défectueux, et jusqu'ici on n'a pu en produire une bonne description.

Coquand, qui la signale comme très commune, n'en a donné qu'une représentation très inexacte. Il nous paraît même évident que la figure est

plutôt une restauration qu'une reproduction réelle. La description semble
indiquer que l'auteur n'a eu à sa disposition que des moules intérieurs et
cependant le type figuré est en grande partie recouvert de sa coquille.
Dans ce type, le dernier tour paraît bien complet et cependant la forme
de l'ouverture est tout à fait dénaturée. D'après nos spécimens, en effet,
on peut facilement constater qu'un canal existait à la partie antérieure de
l'ouverture. Le type primitif figuré par M. Bayle, quoique très incomplet,
en montre aussi la trace incontestable. Ce fossile n'est donc pas une Turritelle, comme le ferait croire la figure de Coquand; ce n'est pas non plus
une Nérinée, comme l'a pensé M. Bayle, car on ne voit aucune trace de
plis au labre ni à la columelle : c'est un véritable *Cerithium*.

Il est étonnant, dans ces conditions, que Coquand, qui, en 1879, a
transporté dans ce genre *Cerithium* une partie des Turritelles qu'il avait
décrites en 1862, comme les *Turritella Tenouklensis* et *T. gigantea*, n'ait pas
pris le même parti pour son *T. pustulifera*, ce qui était plus indiqué encore.
Peut-être faut-il voir le motif de cette abstention dans la description
même. Coquand, en effet, a déclaré que c'était à tort que M. Bayle avait
fait de cette espèce une Nérinée, tandis que c'était « une véritable Turritelle ».

Enfin, pour en finir avec la série des critiques auxquelles donnent lieu
l'établissement et la description de cette espèce, nous rappellerons que
c'est à tort que Coquand l'a placée dans l'étage mornasien. Cet étage de
Coquand a été, comme nous l'avons déjà fait remarquer [1], mal établi et
composé de lambeaux dissemblables, empruntés tantôt au Cénomanien
supérieur et tantôt au Santonien. En réalité, c'est à ce dernier étage
qu'appartient le *Cerithium pustuliferum*. C'est toujours avec les *Buchiceras
Fourneli*, *Hemiaster Fourneli* et autres fossiles de cet horizon, si répandu
en Afrique, que nous l'avons rencontré.

Le fragment de *Cerithium pustuliferum* que M. Bayle a figuré donne une
idée bien plus exacte de l'espèce que le grand individu représenté par Coquand. Toutefois M. Bayle dit que les tubercules qui ornent les tours en
occupent presque toute la surface. Il n'en est pas ainsi dans tous nos
exemplaires. Ces tubercules ne garnissent que la partie postérieure du
tour et recouvrent la suture des tours dans le moule. De plus, la petite
côte tuberculeuse, parallèle à la spire, est située, non pas dans l'intervalle
de deux tours contigus, mais au tiers antérieur de chaque tour.

Il est à remarquer que le *Cerithium pustuliferum*, tel que nous le connaissons
actuellement, a de très grands rapports avec le *C. hispidum* Zekeli, de la craie

---

[1] *Descr. Échin. foss. Algérie*, Étage cénomanien, p. 43.

du cercle de Salzbourg et surtout avec le spécimen que l'auteur a figuré dans son ouvrage sur les Gastéropodes de la vallée de Gosau (t. 24, fig. 2). Les seules différences sont que la taille de ce dernier est toujours plus petite et que les tubercules sont moins allongés dans le sens de la longueur de la coquille. Nous avons pu recueillir dans les marnes micacées de Sougraigne, dans les Corbières, de bons spécimens du *C. hispidum*, et nous avons été frappé de leur ressemblance avec le *C. pustuliferum* de l'Algérie. Il y a lieu de remarquer, en outre, qu'on trouve dans la même localité un moule de *Cerithium*, à tours étroits et presque plans, qui se retrouve en Algérie et qui très probablement est le moule du *C. hispidum*, quoiqu'on n'y distingue aucune trace des ornements de la coquille. Ces mêmes moules existent identiques à Gosau. M. Zekeli en avait fait une espèce particulière, le *C. depressum*; mais M. Stoliczka[1] a montré que cette espèce devait être réunie au *C. hispidum*.

Ce fait de la description d'une même espèce sous des noms différents, pour la coquille elle-même et pour le simple moule intérieur, contribue singulièrement à surcharger la nomenclature. Il est évident, en effet, que bon nombre d'espèces ont été ainsi nommées deux fois. Ainsi il nous paraît fort possible que cette espèce nouvelle que Coquand[2] a décrite sous le nom de *Cerithium Tevesthense* ne soit encore que le moule du *C. pustuliferum*.

Pour achever de montrer quel peut être l'embarras des paléontologues algériens, nous dirons encore que, vraisemblablement, le *C. Hiempsale* Coquand, de la craie de Tebessa, n'est autre que le véritable *C. pustuliferum*, mais avec sa coquille. La description sommaire que Coquand en a donnée concorde bien avec celle de M. Bayle. Si elle ne concorde pas aussi bien avec celle du *Turritella pustulifera* Coquand, c'est que, comme nous l'avons dit, ce dernier auteur a méconnu l'espèce de M. Bayle. Il n'est d'ailleurs pas très facile de se faire une idée parfaite du *Cerithium Hiempsale*, qui n'a pas été figuré et qui n'a été décrit que sommairement, sans indication ni de la taille, ni de l'angle spiral, etc. Coquand le compare au *C. Gallieni* d'Orbigny. Or il n'y a pas de *Cerithium Gallieni*. C'est probablement *C. Gallicum* que ce savant a voulu écrire. En effet, cette dernière espèce a une ornementation qui répond assez bien à celle indiquée par Coquand et également à celles des *C. hispidum* et *C. pustuliferum*.

Quoi qu'il en soit, et tout en faisant au sujet de ces assimilations les réserves que commande l'état imparfait de nos connaissances sur ces divers fossiles, nous jugeons utile de les indiquer comme possibles.

Le *C. pustuliferum* ne paraît pas se rencontrer en meilleur état en Tunisie qu'en Algérie. Cependant un exemplaire du Khanget Mezouna, que nous avons fait figurer, possède une bonne partie de son test et montre passablement l'ornementation de la coquille. Pour compléter les renseignements au sujet des caractères génériques de ce fossile, nous avons jugé utile de faire représenter un spécimen d'Algérie, provenant de la localité même où le type du *Nerinea pustulifera* Bayle a été recueilli.

---

[1] *Revision der Gastropoden der Gosauschichten*, p. 213.
[2] *Études supplémentaires*, p. 85.

Tunisie : Khanget Mezouna; Djebel Sidi-bou-Ghanem; Djebel Aïdoudi (versant sud). — Étage santonien.

Cerithium bipartitum Thomas et Peron, pl. XX, fig. 6.

DIMENSIONS ÉVALUÉES D'APRÈS LA PARTIE EXISTANTE.

Longueur, 70 millimètres; diamètre du dernier tour, 35 millimètres. — Exemplaire unique,
un peu incomplet, mais ayant conservé une partie de son test.

Espèce d'assez grande taille, en forme de cône bas; spire courte, à angle assez ouvert, composée de tours serrés, assez nombreux et croissant lentement. Chaque tour est divisé dans sa hauteur en deux parties un peu inégales. La partie postérieure, à surface déprimée et subconcave, est garnie de trois côtes parallèles à la spire, petites, égales, équidistantes. Ces côtes ne sont ni crénelées ni tuberculeuses, autant qu'il est possible d'en juger d'après notre exemplaire, dont la surface est un peu fruste. La partie antérieure du tour est un peu plus large, convexe, légèrement saillante, lisse et dépourvue, au moins en apparence, de toute ornementation. La portion la plus rapprochée de l'ombilic n'a pas conservé le test et le moule montre par suite un ombilic assez large. Le canal antérieur n'est pas conservé; nous avons pu toutefois détacher un morceau du tour et nous avons retrouvé ce canal bien développé au tour précédent.

Le seul *Cerithium* connu qui présente de l'analogie avec celui qui nous occupe est le *C. maximum* Binkhorst, de la craie de Maëstricht. On ne saurait cependant confondre ces deux fossiles. En dehors de sa taille bien plus grande, le *C. maximum* montre, sur la partie convexe du tour, des renflements qui se répètent sur tous les tours, formant ainsi des côtes longitudinales sur toute la hauteur de la coquille. En outre, ces renflements sont coupés de stries transversales bien apparentes. Enfin, dans la portion concave du tour, on distingue quatre côtes transversales, au lieu de trois que nous avons signalées dans le nôtre.

Le moule intérieur des deux coquilles montre des différences également importantes. Dans celui de Tunisie, les tours sont très arrondis et séparés par une large suture, tandis que dans celui de Maëstricht la surface des tours est bien plus plane.

Nous possédons depuis longtemps, de la craie supérieure de l'Algérie (étage danien du nord du Hodna), un grand *Cerithium* dont certains spécimens pourraient assez facilement être confondus avec notre *C. bipartitum*. La distinction cependant est bien nette, car on peut voir, sur nos spécimens en bon état, que le tour est garni de côtes transversales sur toute sa hauteur et non pas seulement dans la moitié postérieure.

Tunisie : Khanget Goubel. — Étage santonien.

Cerithium? Grossouvrei Thomas et Peron, pl. XXI, fig. 7.

Nous avons désigné, sous cette dénomination un peu incertaine, un moule assez abondant dans le Cénomanien supérieur de l'Algérie et de la Tunisie, mais toujours fruste et mal conservé. Depuis longtemps nous le possédions d'Aïn Ougrab (Algérie) où nous l'avons trouvé dans les couches cénomaniennes, au-dessus des bancs de gypse, puis également de Batna; nous l'avions désigné provisoirement dans notre collection par le nom de M. de Grossouvre, notre savant et sympathique confrère, ingénieur en chef des mines, auquel nous devons tant de bons travaux sur le centre de la France. Ce n'est pas sans un vif intérêt que nous avons pu reconnaître sûrement ces moules, pourtant si incertains, dans les fossiles que M. Ph. Thomas a rapportés de l'étage cénomanien de Tunisie.

Ces nouveaux moules, malheureusement, ne sont pas meilleurs que ceux de l'Algérie. Ils n'ont pu nous éclairer plus complètement sur leur attribution générique; aussi sommes-nous obligé de les inscrire ici exactement sous leur ancienne dénomination.

Coquilles de taille médiocre, dont le plus grand spécimen n'atteint pas 3o millimètres. Spire allongée, composée de 5 à 6 tours; angle spiral assez aigu, et semblant un peu variable. Tours convexes ou même arrondis, peu élevés, séparés par une suture profonde. Dernier tour plus grand, mais cependant médiocrement élevé et terminé en avant par un canal assez court, incurvé et vraisemblablement échancré. Surface des tours ornée de côtes longitudinales, obtuses sur le moule, doublement sinueuses, simples et sans aucun tubercule visible; parfois serrées et subégales, parfois inégales et inégalement espacées. Ces côtes, très prononcées sur le dernier tour, surtout aux approches du péristome, le sont beaucoup moins sur les tours antérieurs où parfois on ne les distingue pas. Il n'existe, sur tous nos exemplaires, aucune trace de carènes, ni de côtes transversales se croisant avec les côtes sinueuses longitudinales. Malgré ses caractères vagues et assez variables, ce moule est bien reconnaissable; c'est pour ce motif et en raison de l'importance stratigraphique que lui donnent son abondance et l'étendue de son aire géographique, que nous le décrivons ici.

Son aspect rappelle beaucoup celui du *Cerithium nassoides* d'Orbigny, du Néocomien de l'Aube. Il en a la taille, la forme de bouche et une ornementation au moins analogue. Comme on ne voit sur notre moule aucune trace de carène, ni de côtes transversales pouvant se terminer par une aile ou des digitations quelconques, nous avons cru devoir le placer dans les *Cerithium* de préférence aux *Rostellaria*, dont il a également l'apparence.

Quoique le *C. Grossouvrei* soit assez commun, même à Batna, il ne semble pas avoir été connu de Coquand, qui cependant a eu entre les mains la plupart des fossiles de cette localité. C'est en vain, en effet, que nous avons cherché dans toutes ses descriptions de *Cerithium*, d'*Aporrhais*, etc., une diagnose qui pût convenir à notre fossile.

Tunisie : Djebel Meghila. — Étage cénomanien.

Lavignon Marcouti Coquand *Géol. et pal. rég. sud prov. Constantine*, 191, t. 6, fig. 14 et 15 [1862].

Sous les réserves formulées à l'article précédent, nous avons rapporté au *Lavignon Marcouti* Coquand plusieurs moules dont la forme très élargie et peu élevée et les côtés un peu inégaux rappellent bien les caractères propres à cette espèce. Ils proviennent, comme le type de Coquand, de l'étage santonien.

Tunisie : Djebel Aïdoudi (versant sud); Djebel Sidi-bou-Ghanem. — Étage santonien.

Lavignon Fontebridei Thomas et Peron, pl. XXIX, fig. 21 et 22.

DIMENSIONS.

Longueur, 23 millimètres; largeur, 18 millimètres; épaisseur, 7 millimètres.
Exemplaire unique, pourvu de son test.

Coquille très déprimée, un peu inéquivalve, légèrement inéquilatérale; côté buccal assez court; côté anal tronqué un peu obliquement. Sommet subcentral; crochets très courts et peu saillants. Du côté buccal on remarque une légère dépression qui part du sommet pour aboutir, en obliquant, à l'extrémité du bord palléal. Valve droite un peu plus déprimée que la valve gauche.

Surface des valves ornée de stries concentriques assez saillantes, un peu espacées et équidistantes. Sur la région buccale, il existe en outre de fines costules longitudinales, nombreuses, serrées, peu visibles à l'œil nu. Ces petites costules sont interrompues par des stries d'accroissement et c'est dans leur intervalle qu'elles sont surtout visibles. On n'en voit plus aucune trace au delà de la région buccale.

Ce petit bivalve a sensiblement la forme du *Lavignon Baylei* Coquand, et présente le même système de stries concentriques prononcées et espacées. Il nous a paru cependant s'en distinguer par sa plus grande dépression, par le sillon linéaire qui parcourt la région buccale et par les stries rayonnantes qui garnissent cette région et dont on ne voit nulle trace dans l'espèce de Coquand.

L'*Arcopagia radiata* d'Orbigny présente une forme et une ornementation très analogues à celles de notre *Lavignon Fontebridei*, mais ses stries concentriques sont plus serrées et ses côtes radiantes plus marquées et plus étendues.

Nous dédions cette nouvelle espèce à M. le colonel Fontebride, commandant supérieur de Tebessa en 1886.

Tunisie : Djebel Meghila (sommet, zone inférieure). — Étage cénomanien.

ARCOMYIDÆ.

Genre **ARCOMYA** Agassiz [1842].

Arcomya aptiensis Coquand (sub *Pholadomya*) *Mon. pal. Ét. aptien Espagne* in *Mém. Soc. émul. Provence*, III, 280, t. 8, fig. 1 et 2 [1863].

Le fossile que nous désignons sous ce nom est représenté seulement par des moules intérieurs, mais qui sont nombreux et en bon état. Leur forme est absolument identique à celle du *Pholadomya aptiensis* Coquand, de l'Espagne, et le seul doute qu'on puisse conserver sur l'exactitude de cette détermination provient précisément de ce que nous ne connaissons pas la coquille elle-même de notre fossile. Cependant la forme de cette espèce est si spéciale et si caractéristique que nous n'hésitons pas à y rapporter nos moules tunisiens.

Ces moules sont de grande taille ; le côté buccal, très court, presque abrupt, est coupé un peu obliquement du sommet au bord palléal, où se produit un angle assez prononcé. L'extrémité anale est bâillante, prolongée, large, rhomboïdale, amincie ; les crochets, très rapprochés de l'extrémité buccale, sont presque contigus et recourbés sur eux-mêmes. Les empreintes musculaires sont peu apparentes.

L'*Arcomya aptiensis* est un fossile qui n'était connu jusqu'ici que dans le terrain crétacé inférieur de la province de Teruel, en Espagne. Coquand attribue son gisement à l'étage aptien, tandis que d'autres géologues le considèrent comme plus ancien encore.

Cependant il résulte des études plus récentes et plus précises de M. Choffat sur les terrains crétacés du Portugal, que les terrains à lignites d'Utrillas qui contiennent l'*A. aptiensis* doivent être, au moins en grande partie, rajeunis et remontés dans la série stratigraphique.

Il semble extrêmement probable, d'après les indications de M. Choffat, que l'*A. aptiensis* est d'âge albien supérieur. Or c'est exactement l'âge que nous attribuons aux divers gisements tunisiens où a été rencontrée cette même espèce. Cette constatation est d'autant plus intéressante que cette espèce du Crétacé d'Espagne n'est pas la seule que renferment ces gisements. D'autres fossiles, également bien identiques à des espèces d'Utrillas, ont été mentionnés dans notre travail et constituent un ensemble qui ne laisse pas de doute sur le synchronisme des gisements.

Tunisie : Djebel Semama (base ouest) ; Djebel Oum-Ali (niveau inférieur) ; Djebel Roumana. — Étage albien supérieur.

Arcomya fallax Coquand (*sub Panopœa*) *Mon. pal. Étage aptien Espagne* in *Mém. Soc. émul. Provence*, III, 280, t. 8, fig. 3 et 4 [1865]. — *Ceromya recens* Coquand l. c., 287, t. 7, fig. 9 et 10 [1865].

Dans l'article précédent, nous avons assimilé à une espèce d'Arcomye de l'Aptien de l'Espagne un certain nombre de moules internes recueillis en Tunisie dans l'étage albien supérieur du Djebel Oum-Ali. Nous avons maintenant à signaler des moules qui proviennent d'une autre localité, mais du même niveau stratigraphique, qui nous paraissent également identiques à une autre Arcomye des mêmes gisements de l'Espagne, l'*Arcomya fallax* Coquand.

Ces nouveaux fossiles sont plus petits que les moules attribués par nous à l'*A. Aptiensis*. Ils présentent exactement la forme de l'*A. fallax* et, comme ce dernier, ils ne se distinguent de l'*A. Aptiensis* que par la surface de leurs valves garnie de plis concentriques réguliers et accentués.

Il y a lieu de faire observer ici que Coquand a décrit, sous le nom de *Ceromya recens*, un autre fossile qui présente, avec son *Panopœa fallax*, une bien singulière ressemblance. Il est même réellement impossible, d'après le simple examen de la description et de la figure, de distinguer ces deux espèces l'une de l'autre.

Coquand a placé cette coquille dans le genre *Ceromya* sans faire connaître les motifs qui l'ont guidé. Une explication eût été cependant d'autant plus utile que ce genre semble jusqu'ici spécial aux terrains jurassiques et que sa mention dans le Crétacé moyen constitue une exception remarquable.

Deux caractères importants nous paraissent infirmer complètement la détermination de Coquand : le premier, c'est que, d'après la figure qu'il a donnée du *Ceromya recens*, cette coquille est bâillante à son extrémité anale, quoique la description n'en fasse pas mention ; le deuxième, c'est qu'elle est parfaitement équivalve, tandis que, dans les véritables Céromyes, la valve gauche est moins grande que la valve droite.

Nous sommes donc convaincu que, malgré la différence de leurs attributions génériques, les *Panopœa fallax* et *Ceromya recens* de Coquand, qui d'ailleurs proviennent des mêmes gisements, ne sont qu'une seule et même espèce.

Nos exemplaires peuvent encore être utilement comparés au *Pholadomya Ligeriensis* d'Orbigny, des grès cénomaniens de la Sarthe. Cette espèce, en effet, présente une forme très analogue à celle de l'*Arcomya fallax* et une ornementation également composée de simples plis concentriques, serrés et réguliers. Si nous avions eu la possibilité d'étudier une série d'exemplaires de cette coquille, peut-être aurions-nous pu y trouver la preuve de son identité avec l'espèce de Coquand. Dans l'état actuel de nos connaissances, nous ne pouvons que constater quelques légères différences qui s'opposent à la réunion de ces espèces. Le *Pholadomya Ligeriensis* a le côté antérieur un peu plus court et la région anale n'y est pas séparée par une saillie carénée aussi prononcée.

Nous devons enfin signaler la grande analogie de nos *Arcomya fallax* avec le *Pholadomya Molli* Coquand, du Cénomanien de l'Algérie. La seule différence un peu importante que nous puissions signaler, c'est que, dans le dernier, le côté buccal est plus court, un peu anguleux et même excavé.

Nos exemplaires d'*Arcomia fallax* proviennent, comme l'*A. Aptiensis*, des couches à *Ostrea prælonga* de la Tunisie, que nous classons dans l'étage albien supérieur.

Tunisie : Djebel Oum-el-Oguel; Djebel Roumana (versant oriental). — Étage albien supérieur.

Arcomya cf. **Africana** Coquand (sub *Pholadomya*) *Études suppl.*, 96 [1879].

Le *Pholadomya Africana* Coquand est un fossile de l'étage santonien de Djelfa, connu seulement par la courte description que l'auteur en a donnée dans ses *Études supplémentaires*. Aussi, quoique nous possédions plusieurs Pholadomyes provenant du même gisement, nous ne sommes pas sûr de les bien déterminer.

Il nous semble cependant que quelques spécimens d'Arcomyes, recueillis par M. Thomas au Djebel Dagla, répondent complètement au signalement du *Pholadomya Africana*. Ce sont des individus très larges, étroits, un peu arqués, dont le côté anal, à partir des crochets, est environ cinq fois plus long que le côté buccal. La surface des moules est garnie de simples plis concentriques, irréguliers et de grosseur variable.

Nos fossiles du Djebel Dagla présentent aussi une certaine analogie avec le *Panopæa elatior* d'Orbigny, de l'étage cénomanien, mais, dans ce dernier, le bâillement des valves du côté anal est beaucoup plus considérable.

Contrairement au classement adopté par Coquand nous croyons devoir placer nos fossiles dans le genre *Arcomya*, dont ils ont bien les caractères.

Indépendamment des exemplaires du Djebel Dagla, qui sont eux-mêmes en médiocre état de conservation, M. Thomas en a rapporté un autre très fruste et fort douteux qui provient du Khanget Goubel.

Tunisie : Djebel Dagla, près Feriana; Khanget Goubel (?). — Étage santonien.

Arcomya Maresi Coquand (sub *Pholadomya*) *Études suppl.*, 96 [1879].

Les types de cette espèce proviennent, comme l'*Arcomya Africana*, des environs de Djelfa. Ils diffèrent de ce dernier par leur forme beaucoup plus courte et plus épaisse. Si notre interprétation, qui est basée sur l'examen d'assez nombreux exemplaires provenant de Djelfa même, est exacte, il y aurait quelques tempéraments à apporter à la diagnose de l'*A. Maresi*. Il n'est pas réel, en effet, que les individus soient toujours plus épais que hauts; en outre ils ne paraissent être arqués que très rarement.

Nous avons depuis longtemps assimilé à l'espèce de Djelfa des moules d'*Arcomya* recueillis par nous à Medjèz-el-Foukani, où ils se trouvent, comme l'*A. Maresi*, dans l'étage santonien. Une petite différence seulement se montre dans ces moules. On y remarque, sur le milieu de la valve, une légère dépression longitudinale qui ne paraît pas exister dans l'*A. Maresi*. Cette dépression est analogue à celle que l'on voit sur quelques-unes des Panopées crétacées de d'Orbigny, notamment sur le *Panopæa Dupini* de l'étage néocomien.

Deux exemplaires de la Tunisie reproduisent ce même caractère et ne semblent pas pouvoir se distinguer des individus de Medjèz.

Nous ne pensons pas que cette légère dépression médiane puisse constituer un caractère important et, comme d'autre part la forme générale de nos individus tunisiens est bien semblable à celle du type de Djelfa et que les rides concentriques sont les mêmes, nous n'hésitons pas à réunir tous ces individus sous la même dénomination. Tous, du reste, se trouvent au même niveau stratigraphique.

Tunisie : Sidi-bou-Ghanem; Khanget Safsaf (exemplaires en médiocre état). — Étage santonien.

ANATINIDÆ.

Genre **ANATINA** Lamarck [1809].

Anatina Jettei Coquand *Géol. et pal. rég. sud prov. Constantine*, 190, t. 6, fig. 3 [1862].

Un moule intérieur, provenant du Djebel Cebela, nous paraît devoir être rapporté à cette espèce. Il est en mauvais état de conservation et les deux sommets font défaut; mais la portion qui subsiste présente bien la forme transverse, les valves déprimées en leur milieu et les plis concentriques réguliers qui caractérisent l'*Anatina Jettei* Coquand.

Le type de cette espèce, qui provient du Rhotomagien de Tenoukla, est lui-même en médiocre état et dépourvu d'une partie de la région anale.

Deux autres exemplaires, que nous avons recueillis dans le Cénomanien de Batna, ne sont pas meilleurs et, dans les deux, la région anale est également tronquée.

Notre exemplaire tunisien est sensiblement plus épais, et en outre les plis transverses se prolongent davantage sur la région anale. Néanmoins nous l'assimilons, au moins provisoirement, à l'espèce de Batna. Il est d'ailleurs du même niveau géologique.

Algérie : Tenoukla ; Batna.

Tunisie : Djebel Cehela. — Étage cénomanien.

PHOLADOMYIDÆ.

Genre **PHOLADOMYA** Sowerby [1823].

Pholadomya elliptica Munster in Goldfuss *Petr. Germ.*, II, 273, t. 158, fig. 1 [1839]. — *Pholadomya rostrata* et *Ph. Galloprovincialis* Matheron *Catal. corps org. foss. Bouches-du-Rhône*, 136, t. 11, fig. 7, et t. 11, fig. 4 et 5 [1842]. — *Ph. Royana* d'Orbigny *Pal. franç.*, Terr. crét., Lamellibranches, 360, t. 367, fig. 1-3 [1844]. — *Ph. elliptica* d'Orbigny *Prodr.*, II, 234 [1847] ; Coquand *Géol. et pal. rég. sud prov. Constantine*, 306 [1862]. — *Ph. rostrata* et *Ph. rostrata* var. *Royana* Zittel *Die Bivalv. der Gosaugebilde*, I, 11, t. 11, fig. 2, et t. 11, fig. 1 [1864]. — *Ph. Royana* Ville *Explor. Beni-Mzab*, 166 [1868] ; Nicaise *Catal. anim. foss. prov. Alger*, 78 [1870]. — *Ph. rostrata* Nicaise l. c., 78 [1870] ; Coquand *Études suppl.*, 95 [1879]. — *Ph. elliptica* Moesch *Monogr. Pholadomyan*, 104, t. 34, fig. 3 et 4 [1875].

Cette espèce a été citée en Algérie sous les trois noms de *Pholadomya elliptica*, *Ph. Royana* et *Ph. rostrata*. Plusieurs auteurs, et en particulier le savant spécialiste M. Moesch, pensent que ces trois noms sont synonymes et ont été appliqués à une seule et même espèce. D'autres réunissent seulement les deux premiers, tandis que quelques-uns ne réunissent que les *Ph. Royana* et *rostrata*.

Il ne nous est pas facile de nous faire une opinion sur cette question très controversée. Nos matériaux africains, quoique abondants, sont tous en médiocre état de conservation. Sous le rapport de la forme, de la taille et du nombre de côtes divergentes, les individus présentent des variations considérables et nous ne saurions dire si ces variations dépassent les limites du cadre de l'espèce.

C'est en effet une des propriétés les plus remarquables du *Ph. elliptica* Munster, d'être extrêmement variable dans sa forme et dans son ornementation. La seule différence un peu constante que nous puissions signaler entre les types de cette espèce et nos exemplaires, c'est que, dans ceux-ci, les côtes rayonnantes paraissent s'étendre davantage sur la région anale.

D'Orbigny qui, dans la *Paléontologie française*, avait décrit sous le nom de *Ph. Royana* une Pholadomye assez fréquente dans la craie supérieure des Charentes, a, dans le *Prodrome*, réuni cette espèce au *Ph. elliptica* Munster. Les avis des paléontologistes sont assez divergents au sujet de cette assimilation. M. Zittel [1], notamment, ne l'a pas admise et pense que le *Ph. elliptica* doit être maintenu distinct, en raison de ses tubercules arrondis sur les côtes. Il ne maintient cependant pas le *Ph. Royana* et il en fait une simple variété du *Ph. rostrata* de M. Matheron.

Cette nouvelle manière de voir semble également discutable, car le spécimen que M. Zittel a figuré sous le nom de *Ph. rostrata* var. *Royana* ne semble en réalité identique ni à l'une ni à l'autre de ces espèces.

M. Stoliczka [2] a remarqué les caractères propres de ce spécimen et il a proposé de lui attribuer le nom de *Ph. rostrata* var. *prægnans* Zittel.

Le *Ph. rostrata* est, comme on le sait, un fossile de la craie à Hippurites de la Provence. Il est assez répandu et a été également désigné sous des noms très divers. D'Orbigny l'a réuni à son *Ph. Marottiana*.

M. Toucas a suivi cet exemple, mais il a cité parallèlement le *Ph. Royana*. M. Matheron lui-même a récemment fait figurer [3] sous le nom de *Ph. nodulifera* un exemplaire de la Provence qui paraît n'être qu'une variété de son *Ph. rostrata*. D'ailleurs, le *Ph. nodulifera* est considéré par beaucoup d'auteurs, notamment par MM. Pictet et Campiche, M. Giebel, etc., comme identique au *Ph. elliptica*.

Dans ces conditions, nous croyons devoir adopter, sous toutes réserves, la réunion proposée par M. Moesch, l'auteur de la Monographie des Pholadomyes, des trois espèces *Ph. elliptica*, *Royana* et *rostrata*.

C'est en Algérie, dans les environs de Djelfa, que les fossiles de ce genre sont le plus abondants.

Les trois espèces ci-dessus y ont été signalées et, en outre, Coquand a décrit de cette même localité un quatrième type, le *Ph. consimilis* [4], qui se distinguerait du *Ph. Royana* par sa forme plus courte, ramassée et renflée, ainsi que par le nombre plus considérable des côtes qui ornent ses deux valves.

Nous ne sommes pas fixé sur la valeur de cette nouvelle espèce que nous ne distinguons pas nettement parmi nos exemplaires de Djelfa. Aussi nous abstenons-nous, pour le moment, de la comprendre dans la synonymie du *Ph. elliptica*.

En ce qui concerne les nombreux exemplaires de Pholadomyes recueillis par M. Thomas, nous avons avec confiance adopté leur assimilation à ce dernier. Quoique leur état de conservation laisse le plus souvent beaucoup à désirer, nous avons pu y reconnaître tous les caractères du type tel qu'il est décrit et figuré dans Goldfuss.

---

[1] *Die Bivalven der Gosaugebilde*, I, 12, t. 11, fig. 1.
[2] *Cretaceous fauna of Southern India*, Pelécypodes, 75.
[3] *Rech. pal. dans le midi de la France*, t. G-16, fig. 6.
[4] *Études suppl.*, 95.

Quelques individus de petite taille, qui proviennent du Cénomanien du Djebel Cehela, présentent seuls quelques différences qui pourraient permettre de les séparer du *Ph. elliptica*, mais ils sont insuffisants pour une détermination précise. Par leur petite taille et leur forme plus arquée et moins allongée, ils ont de grands rapports avec le véritable *Ph. rostrata* Matheron, tel qu'on le rencontre dans la Provence.

Algérie : Djebel Senalba; Oued Djelfa; Medjez-el-Foukani; Kef Matrek; Nza-ben-Messaï; El-Outaïa.

Tunisie : Djebel Sidi-bou-Ghanem; Khanget Oguef; Khanget Goubel; Djebel Dagla (2ᵉ horizon fossilifère); Khanget Tefel; Bir Magueur; Djebel Aïdoudi (versant sud); Djebel Cehela (?). — Étages santonien et campanien.

Pholadomya Schlumbergeri Thomas et Peron, pl. XXIX, fig. 23 et 24.

DIMENSIONS.

Hauteur, 73 millimètres; largeur, 85 millimètres; épaisseur, 62 millimètres.
Exemplaire unique, à l'état de moule interne.

Espèce de grande taille, triangulaire, cunéiforme, extrêmement inéqui-latérale. Côté buccal très tronqué, coupé normalement au bord palléal immédiatement au-dessous des crochets, évidé, présentant au milieu de l'area buccale un renflement linéaire qui la sépare en deux parties dé-primées. Les valves, sur ce côté, sont jointes et non bâillantes. Côté anal très allongé, oblique, occupant presque toute la largeur de la coquille. Ligne cardinale droite, ne dessinant aucune concavité entre les crochets et l'extrémité anale. Crochets très acuminés, très incurvés en dedans, contigus, évidés du côté buccal. Coquille bâillante à l'extrémité anale. Ligne palléale droite, un peu rentrante.

Surface des valves garnie complètement de rides concentriques serrées, saillantes, régulièrement espacées dans la moitié voisine des crochets, se multipliant et devenant plus serrées et irrégulières dans la partie voisine du bord palléal. Ces rides concentriques sont croisées par de légères côtes longitudinales divergentes, espacées, au nombre de douze environ sur chaque valve, situées principalement sur la partie médiane de la valve. Au croisement de ces côtes radiantes avec les plis concentriques, il se forme de légères nodosités.

Cette Pholadomye a des rapports assez étroits avec le *Ph. Malbosi* Pictet, des calcaires de Berrias, et aussi avec le *Ph. Genevensis* Pictet et Roux, de l'étage albien. Elle diffère de ces deux espèces par sa taille beaucoup plus grande. En outre, elle a des côtes rayonnantes beaucoup moins pronon-cées et moins nombreuses que la première et, au contraire, elle les a plus prononcées que la deuxième. Enfin sa forme est plus élargie que celle du

Ph. Genevensis et son côté buccal est moins large, plus tronqué et plus évidé.

Ces différences, qui doivent être prises en considération quand il s'agit de fossiles de gisements éloignés et qui ne sont pas du même âge géologique, ne nous semblent pas cependant d'une bien grande importance. Il est fort possible que, si nous avions eu des matériaux plus abondants, nous eussions pu reconnaître une parenté encore plus étroite entre ces espèces.

Nous avons recueilli en Algérie, dans les calcaires à *Ammonites inflatus* du Djebel Bou-Thaleb, une Pholadomye que nous avons rapportée au *Pholadomya Genevensis* et qui forme, en réalité, un type intermédiaire entre cette espèce et notre *Ph. Schlumbergeri*. Il reste toutefois une différence de taille beaucoup trop considérable pour que nous puissions assimiler ces exemplaires en toute sécurité. En outre, dans celui de l'Algérie, la saillie qui divise l'area anale est plus prononcée et donne à cette région une apparence gibbeuse.

Le *Pholadomya Schlumbergeri* est dédié à notre savant collaborateur M. Schlumberger, ancien président de la Société géologique de France.

Tunisie : Djebel Meghila (zone moyenne). — Étage cénomanien supérieur.

Genre **GONIOMYA** Agassiz [1841].

Goniomya Mailleana d'Orbigny (sub *Pholadomya*) *Pal. franç.*, Terr. crét., Lamellibranches, 355, t. 364, fig. 1 et 2 [1844].

Nous ne connaissons de cet intéressant Pélécypode qu'un petit moule incomplet et en médiocre état. Cependant son ornementation est si caractéristique que nous n'avons pas hésité sur sa détermination. Sa forme générale et ses caractères sont bien ceux du *Gonomya Mailleana* d'Orbigny, qu'on rencontre assez fréquemment dans la craie glauconieuse cénomanienne du bassin de Paris. La surface des valves est garnie de côtes concentriques anguleuses, chevronnées et trapéziformes, comme on en observe dans cette seule espèce du terrain crétacé moyen.

Tunisie : Djebel Gebela. — Étage cénomanien.